農業簿記検定問題集

問題集

1級（財務会計編）

大原出版

はじめに

　わが国の農業は、これまで家業としての農業が主流で、簿記記帳も税務申告を目的とするものでした。しかしながら、農業従事者の高齢化や耕作放棄地の拡大など、わが国農業の課題が浮き彫りになるなか、農業経営の変革が求められています。一方、農業に経営として取り組む農業者も徐々に増えてきており、農業経営の法人化や6次産業化が着実にすすみつつあります。

　当協会は、わが国の農業経営の発展に寄与することを目的として平成5年8月に任意組織として発足し、平成22年4月に一般社団法人へ組織変更いたしました。これまで、当協会では農業経営における税務問題などに対応できる専門コンサルタントの育成に取り組むとともに、その事業のひとつとして農業簿記検定に取り組んできており、このたびその教科書として本書を作成いたしました。

　本来、簿記記帳は税務申告のためにだけあるのではなく、記帳で得られる情報を経営判断に活用することが大切です。記帳の結果、作成される貸借対照表や損益計算書などの財務諸表から問題点を把握し、農業経営の発展のカギを見つけることがこれからの農業経営にとって重要となります。

　本書が、農業経営の発展の礎となる農業簿記の普及に寄与するとともに、広く農業を支援する方々の農業への理解の一助となれば幸いです。

一般社団法人　全国農業経営コンサルタント協会

会長　森　剛一

─── ●本書の利用にあたって● ───

　本問題集は、姉妹編の「農業簿記検定教科書1級財務会計編」に準拠した問題集です。教科書の学習された進度にあわせてご利用下さい。目次の問題番号に教科書の該当ページが記載されておりますので、当該教科書のページの学習が終わられました際にご解答下さい。

　問題1－1（教科書P.6）財務諸表の体系

　⇒　教科書P.6までの学習で解答が可能となります。

　農業簿記検定の突破のためには、教科書を読んで理解することはもとより、実際に問題集をご解答いただき、復習を行っていただくことが必要です。何度も繰り返しご解答いただくことで検定試験突破に必要な学力を身につけることが可能となります。

農業簿記検定問題集
1級（財務会計編）

目　次

問　題　編

第1章　総論（会計学の基礎）

| 問題1－1 | 財務諸表の体系 | ⇒ 解答P.76 |

次の文の ＿＿＿＿＿ の中に入れるべき適当な用語を〈用語群〉の中から選び、その記号を所定の欄に記入しなさい。

会　社　法　会　計	金融商品取引法会計	農業協同組合法会計 （出資農事組合法人）
1	貸　借　対　照　表	貸　借　対　照　表
損　益　計　算　書	損　益　計　算　書	2
3	株主資本等変動計算書	―
―	―	4
5	キャッシュ・フロー計算書	―
個　別　注　記　表	―	
事　業　報　告	―	事　業　報　告
附　属　明　細　書	附　属　明　細　表	―

〈用語群〉

　ア　損益計算書　　イ　貸借対照表　　ウ　―　　エ　株主資本等変動計算書

　オ　キャッシュ・フロー計算書　　　カ　利益処分案又は損失処理案

1	2	3	4	5

問題1－2　会計公準　⇒ 解答P.76

次の文の 　　　　 の中に入れるべき適当な用語を所定の欄に記入しなさい。

　1 　の公準……企業という経済主体を、企業会計上、その所有主とは別個のもの
　　　　　とみて、企業それ自体を一つの会計単位とする考え方。

　2 　の公準……今日の企業は解散を前提とするものではなく、継続的活動を前提
　　　　　とするものであることを意味するもの。

　3 　の公準……企業会計の測定尺度として貨幣単位を用いることにより、様々に
　　　　　異質な財貨、用役をすべて貨幣によって記録、測定、伝達するこ
　　　　　とを承認するものである。

1	2	3

問題1－3　一般原則(1)　⇒ 解答P.76

問1　次の文の 　　　　 の中に入れるべき適当な用語を所定の欄に記入しなさい。

　企業会計は、企業の財政状態及び 　1 　 に関して、 　2 　 な報告を提供するも
のでなければならない。

　企業会計は、すべての 　3 　 につき、正規の簿記の原則に従って、正確な
　4 　 を作成しなければならない。

　資本取引と損益取引とを明瞭に区別し、特に 　5 　 と 　6 　 とを混同してはな
らない。

1	2	3	4

5	6

問2　次の文の □ の中に入れるべき適当な用語を〈用語群〉の中から選び、その
　　記号を所定の欄に記入しなさい。

　　□1□ は、資本取引から生じた剰余金であり、□2□ は損益取引から生じた剰
余金、すなわち利益の留保額であるから、両者が混同されると、企業の □3□ 及び
□4□ が適正に示されないことになる。従って、例えば、新株発行による株式払込剰
余金から新株発行費用を控除することは許されない。

〈用語群〉

　ア　利益剰余金　　イ　資本剰余金　　ウ　経営成績　　エ　財政状態

1	2	3	4

問題1－4　一般原則(2)　　　　　　　　　　　　　　⇒ 解答P.76

問1　次の文の □ の中に入れるべき適当な用語を所定の欄に記入しなさい。

　　企業会計は、□1□ によって、利害関係者に対し必要な会計事実を □2□ に表
示し、企業の状況に関する判断を誤らせないようにしなければならない。

　　企業会計は、その処理の原則及び手続を毎期 □3□ して適用し、みだりにこれを変
更してはならない。

　　企業の財政に □4□ を及ぼす可能性がある場合には、これに備えて適当に
□5□ な会計処理をしなければならない。

　　□6□ 提出のため、信用目的のため、租税目的のため等種々の目的のために異なる
形式の □7□ を作成する必要がある場合、それらの内容は、信頼しうる □8□ に
基づいて作成されたものであって、政策の考慮のために事実の真実な表示をゆがめてはな
らない。

1	2	3	4
5	6	7	8

問2　次の文の 　　　　 の中に入れるべき適当な用語を〈用語群〉の中から選び、その
　　記号を所定の欄に記入しなさい。

　企業会計上継続性が問題とされるのは、1つの会計事実について2つ以上の 　1　
の選択適用が認められている場合である。

　このような場合に、企業が選択した 　1　 を毎期継続して適用しないときは、同一
の会計事実について異なる利益額が算出されることになり、財務諸表の 　2　 を困難
ならしめ、この結果、企業の財務内容に関する利害関係者の判断を誤らしめることにな
る。

　従って、いったん採用した 　1　 は、 　3　 により変更を行う場合を除き、財
務諸表を作成する各時期を通じて継続して適用しなければならない。

　なお、 　3　 によって、 　1　 に重要な変更を加えたときは、これを当該財務
諸表に 　4　 しなければならない。

　企業会計は、予測される将来の危険に備えて慎重な判断に基づく 　5　 を行わなけ
ればならないが、 　6　 を行うことにより、企業の 　7　 及び 　8　 の真実
な報告をゆがめてはならない。

〈用語群〉
　　ア　正当な理由　　イ　会計処理の原則及び手続　　ウ　期間比較　　エ　注記
　　オ　過度に保守的な会計処理　　カ　財政状態　　キ　経営成績　　ク　会計処理

1	2	3	4	5	6	7	8

問題1－5　注記事項　　　　　　　　　　　　　　　　　　　　　⇒ 解答 P.77

　次の文の　　　　　の中に入れるべき適当な用語を〈用語群〉の中から選び、その記号を所定の欄に記入しなさい。

　　　1　には、重要な会計方針を　2　しなければならない。

　会計方針とは、企業が損益計算書及び貸借対照表の作成に当たって、その　3　を正しく示すために採用した　4　及び　5　をいう。

　　　1　には、損益計算書及び貸借対照表を　6　までに発生した重要な後発事象を　2　しなければならない。

〈用語群〉
　　ア　財政状態及び経営成績　　イ　手続　　ウ　作成する日　　エ　注記
　　オ　財務諸表　　カ　会計処理の原則

1	2	3	4	5	6

問題 1 － 6　重要性の原則(1)　　　　　　　　　　　　　　　⇒ 解答 P.77

　次の文の ☐ の中に入れるべき適当な用語を〈用語群〉の中から選び、その記号を所定の欄に記入しなさい。

　企業会計は、定められた会計処理の方法に従って ☐1 を行うべきものであるが、企業会計が目的とするところは、企業の ☐2 を明らかにし、企業の状況に関する利害関係者の判断を誤らせないようにすることにあるから、重要性の乏しいものについては、本来の厳密な会計処理によらないで他の ☐3 によることも、正規の簿記の原則に従った処理として認められる。

　重要性の原則は、 ☐4 に関しても適用される。

〈用語群〉

　ア　簡便な方法　　イ　財務内容　　ウ　正確な計算　　エ　財務諸表の表示

1	2	3	4

問題 1 － 7　重要性の原則(2)　　　　　　　　　　　　　　　⇒ 解答 P.77

　次の文について、企業会計原則・同注解に照らして正しいものには○を、誤っているものには×を正誤欄に記入し、×と記入した場合にはその理由を理由欄に述べなさい。

問1　重要性の判断は量的側面（金額の大小）から行われる。

問2　分割返済の定めのある長期の債務のうち、期限が１年以内に到来するもので重要性の乏しいものを固定負債として表示した場合であっても簿外負債は生じない。

	正誤	理　　由
問1		
問2		

第2章 財務諸表

問題2−1 貸借対照表の基礎知識⑴ ⇒ 解答P.78

次の文の [   ] の中に入れるべき適当な用語を〈用語群〉の中から選び、その記号を所定の欄に記入しなさい。

貸借対照表は、企業の [1] を明らかにするため、 [2] におけるすべての資産、負債及び純資産を記載し、株主、債権者その他の利害関係者にこれを正しく表示するものでなければならない。ただし、正規の簿記の原則に従って処理された場合に生じた簿外資産及び簿外負債は、貸借対照表の記載外におくことができる。

貸借対照表は、資産の部、負債の部及び純資産の部の三区分に分ち、さらに資産の部を流動資産、固定資産及び繰延資産に、負債の部を [3] に区分しなければならない。

資産及び負債の項目の配列は、原則として、 [4] によるものとする。

〈用語群〉

ア 貸借対照表日 イ 流動性配列法 ウ 財政状態

エ 流動負債及び固定負債

1	2	3	4

問題２−２　貸借対照表の基礎知識(2)　　　　　　　　　⇒ 解答P.78

　次の文の　　　　　の中に入れるべき適当な用語を〈用語群〉の中から選び、その記号を所定の欄に記入しなさい。

　資産および負債を流動項目と固定項目に分類するための基準には、　1　と　2　がある。　1　とは、企業の　3　内において生じた資産または負債を流動資産または流動負債とする基準である。

　　2　とは、　4　から起算して、　5　入金または支払の期限が到来するものを流動資産または流動負債とし、　6　入金または支払の期限が到来するものを固定資産または固定負債とする基準である。

〈用語群〉

ア　正常営業循環基準　　イ　正常な営業循環過程　　ウ　一年基準

エ　1年を超えて　　　　オ　貸借対照表日の翌日　　カ　1年以内に

1	2	3	4	5	6

⇒ 解答P.78

問題２－３	貸借対照表の基礎知識(3)

次の文の ☐ の中に入れるべき適当な用語を所定の欄に記入しなさい。

受取手形、売掛金、前払金、支払手形、買掛金、前受金等の当該企業の ☐1 により発生した債権及び債務は、 ☐2 又は ☐3 に属するものとする。ただし、これらの債権のうち、破産債権、更生債権及びこれに準ずる債権で1年以内に回収されないことが明らかなものは、固定資産たる投資その他の資産に属するものとする。

貸付金、借入金、差入保証金、受入保証金、当該企業の ☐4 によって発生した未収金、未払金等の債権及び債務で、 ☐5 から起算して1年以内に入金又は支払の期限が到来するものは、 ☐2 又は ☐3 に属するものとし、入金又は支払の期限が1年をこえて到来するものは、 ☐6 又は ☐7 に属するものとする。

現金預金は、原則として、 ☐2 に属するが、預金については、 ☐5 から起算して1年以内に期限が到来するものは、 ☐2 に属するものとし、期限が1年をこえて到来するものは、 ☐6 に属するものとする。

前払費用については、 ☐5 から起算して1年以内に費用となるものは、 ☐2 に属するものとし、1年をこえる期間を経て費用となるものは、 ☐6 に属するものとする。未収収益は流動資産に属するものとし、未払費用及び前受収益は、流動負債に属するものとする。

商品、製品、半製品、原材料、仕掛品等の ☐8 は、 ☐2 に属するものとし、企業がその営業目的を達成するために所有し、かつ、その加工若しくは売却を予定しない財貨は、 ☐9 に属するものとする。

なお、固定資産のうち ☐10 が1年以下となったものも ☐2 とせず ☐9 に含ませ、たな卸資産のうち恒常在庫品として保有するもの若しくは余剰品として長期間にわたって所有するものも ☐9 とせず ☐2 に含ませるものとする。

資産、負債及び純資産は、 ☐11 によって記載することを原則とし、資産の項目と負債又は純資産の項目とを相殺することによって、その全部又は一部を貸借対照表から除去してはならない。

1	2	3	4
5	6	7	8
9	10	11

問題2-4　損益計算書の基礎知識(1)　　　　　　　　　　　⇒ 解答P.78

次の文の　　　　　　の中に入れるべき適当な用語を〈用語群〉の中から選び、その記号を所定の欄に記入しなさい。

損益計算書は、企業の　1　を明らかにするため、一会計期間に属するすべての収益とこれに対応するすべての費用とを記載して　2　を表示し、これに　3　に属する項目を加減して　4　を表示しなければならない。

費用及び収益は、　5　によって記載することを原則とし、費用の項目と収益の項目とを直接に相殺することによってその全部又は一部を損益計算書から除去してはならない。

費用及び収益は、その　6　に従って明瞭に分類し、各収益項目とそれに　7　する費用項目とを損益計算書に　8　しなければならない。

〈用語群〉

ア　当期純利益　　イ　対応表示　　ウ　発生源泉　　エ　特別損益　　オ　経常利益
カ　経営成績　　キ　総額　　　ク　関連

1	2	3	4	5	6	7	8

| 問題 2 － 5 | 損益計算書の基礎知識(2) | ⇒ 解答 P.78 |

次の文の ☐ の中に入れるべき適当な用語を〈用語群〉の中から選び、その記号を所定の欄に記入しなさい。

| 1 | ……農畜産物の生産・販売活動の良否を示す。

| 2 | ……営業活動の成果を示す。

| 3 | ……正常な収益力を示す。

| 4 | ……当期に獲得した分配（処分）可能利益を示す。

〈用語群〉

　ア　当期純利益　　イ　売上総利益　　ウ　経常利益　　エ　営業利益

1	2	3	4

問題２－６　株主資本等変動計算書(1)　　　　　　　　　　　　⇒ 解答P.79

　以下の資料に基づき、株主資本等変動計算書を完成させなさい。なお、解答にあたっては純資産のマイナス項目に『△』を付すこと。

〔資料Ⅰ〕前期末貸借対照表

（略式）貸借対照表

X1年３月31日　　　　　　　　　　　（単位：千円）

諸　資　産	3,000,000	諸　　負　　債	930,000
		資　　本　　金	1,600,000
		資　本　準　備　金	100,000
		その他資本剰余金	50,000
		利　益　準　備　金	200,000
		繰　越　利　益　剰　余　金	120,000
	3,000,000		3,000,000

〔資料Ⅱ〕当期中の取引等

１．X1年６月に開催された定時株主総会において、以下の内容が決議された。

　⑴　90,000千円の配当（その他資本剰余金20,000千円、繰越利益剰余金70,000千円を財源とする）を行う。また、配当に伴い会社法及び会社計算規則に基づき準備金を積み立てる。

　⑵　資本準備金20,000千円、利益準備金50,000千円を減少し、その他資本剰余金、繰越利益剰余金に計上する。

２．X1年８月に、新株の発行を行い、200,000千円の払込みを受けた。その際、会社法規定の最低限度額を資本金とした。

３．当期純利益は80,000千円であった。

株主資本等変動計算書（単位：千円）

	資本金	資本剰余金			利益剰余金			純資産合計
		資本準備金	その他資本剰余金	資本剰余金合計	利益準備金	繰越利益剰余金	利益剰余金合計	
当期首残高	1,600,000	100,000	50,000	150,000	200,000	120,000	320,000	2,070,000
当期変動額								
新株の発行								
資本準備金の取崩								
剰余金の配当								
当期純利益								
利益準備金の取崩								
当期変動額合計								
当期末残高								

| 問題２－７ | 株主資本等変動計算書⑵ | ⇒ 解答Ｐ.80 |

以下の資料に基づき、株主資本等変動計算書を完成させなさい。なお、解答にあたっては純資産のマイナス項目に『△』を付すこと。

〔資料Ⅰ〕前期末貸借対照表

（略式）貸借対照表
X1年3月31日　　　　　　　　　　　（単位：千円）

諸　　資　　産	900,000	諸　　　負　　　債	390,000
		資　　　本　　　金	350,000
		資　本　準　備　金	20,000
		その他資本剰余金	10,000
		利　益　準　備　金	80,000
		繰 越 利 益 剰 余 金	50,000
	900,000		900,000

〔資料Ⅱ〕剰余金の配当及び処分の内容

1．処分財源：繰越利益剰余金

2．処分内容：準　備　金：会社法及び会社計算規則で定める額

　　　　　　　配　当　金：10,000千円

　　　　　　　任意積立金：15,000千円

〔資料Ⅲ〕自己株式

1．当期中に自己株式を2,000千円で取得した。その際に、手数料50千円を支払っている。

2．取得原価1,000千円の自己株式を消却した。

〔資料Ⅳ〕その他の事項

　　当期純利益は20,000千円である。

株主資本等変動計算書（合計欄一部省略、単位：千円）

	資本金	資本剰余金		利益剰余金			自己株式	純資産合計
		資本準備金	その他資本剰余金	利益準備金	その他利益剰余金			
					任意積立金	繰越利益剰余金		
当期首残高	350,000	20,000	10,000	80,000	—	50,000	—	510,000
当期変動額								
剰余金の配当								
任意積立金の積立								
当期純利益								
自己株式の取得								
自己株式の消却								
当期変動額合計								
当期末残高								

問題２－８　剰余金処分案　　　　　　　　　　　　　　　⇒ 解答Ｐ.82

以下の資料に基づき、Ａ農事組合法人の剰余金処分案を完成させなさい。

〔資料〕

１．X6年２月25日の総会において、当期未処分剰余金を財源とした剰余金の配当等が次のとおり決定している。

利用分量配当金	600,000円
従事分量配当金	5,400,000円
出資配当金	720,000円
利益準備金	1,200,000円
農業経営基盤強化準備金	2,400,000円

２．当期剰余金は12,000,000円、前期繰越剰余金は０円であった。

剰 余 金 処 分 案

X6年２月25日　　　　　　　　　　（単位：円）

Ⅰ　当期未処分剰余金

　当期剰余金　　　　　　　　　　　　（　　　　　）

　前期繰越剰余金　　　　　　　　　　（　　　　　）

　　　　　　　　　　　　　　　　　　　　　　　　（　　　　　）

Ⅱ　剰余金処分額

　利益準備金　　　　　　　　　　　　（　　　　　）

　任意積立金

　　農業経営基盤強化準備金　（　　　　　）

　　　　　　　　　　　　　　　　　　（　　　　　）

　配当金

　　利用分量配当金　　　（　　　　　）

　　従事分量配当金　　　（　　　　　）

　　出資配当金　　　　　（　　　　　）（　　　　　）（　　　　　）

Ⅲ　次期繰越剰余金　　　　　　　　　　　　　　　　　（　　　　　）

第3章　損益会計論

問題3－1　現金主義会計と発生主義会計(1)　　　　　　　⇒ 解答P.83

　次の文の [　　　] の中に入れるべき適当な用語を〈用語群〉の中から選び、その記号を所定の欄に記入しなさい。

問1

　すべての費用及び収益は、その [　1　] に基づいて計上し、その [　2　] に正しく割当てられるように処理しなければならない。ただし、[　3　] は、原則として、当期の損益計算に計上してはならない。

　前払費用及び [　4　] は、これを当期の損益計算から除去し、未払費用及び [　5　] は、当期の損益計算に計上しなければならない。

〈用語群〉

　　ア　支出及び収入　　イ　未実現収益　　ウ　発生した期間　　エ　未収収益

　　オ　前受収益

1	2	3	4	5

問2

(1)　前払費用

　　前払費用は、[1] に従い、継続して [2] 場合、[3] に対し支払われた対価をいう。従って、このような [4] に対する対価は、[5] とともに [6] となるものであるから、これを当期の損益計算から [7] するとともに貸借対照表の [8] に計上しなければならない。また、前払費用は、かかる役務提供契約以外の契約等による [9] とは区別しなければならない。

(2)　未払費用

　　未払費用は、[1] に従い、継続して [2] 場合、[10] に対していまだその対価の支払が終わらないものをいう。従って、このような [4] に対する対価は、[5] に伴いすでに [11] として発生しているものであるから、これを当期の損益計算に [12] するとともに貸借対照表の [13] に計上しなければならない。また、未払費用は、かかる役務提供契約以外の契約等による [14] とは区別しなければならない。

〈用語群〉

ア　一定の契約　　イ　役務の提供を受ける　　ウ　役務の提供を行う

エ　いまだ提供されていない役務　　　オ　いまだ提供していない役務

カ　すでに提供された役務　　　　　キ　すでに提供した役務　　　ク　役務

ケ　時間の経過　　コ　次期以降の費用　　　　　　サ　次期以降の収益

シ　当期の費用　　ス　当期の収益　　セ　除去　　ソ　計上　　タ　資産の部

チ　負債の部　　ツ　前払金　　テ　前受金　　ト　未払金　　ナ　未収金

1	2	3	4	5	6	7

8	9	10	11	12	13	14

問題3－2　現金主義会計と発生主義会計(2)　　　　　⇒ 解答P.83

次の文の ☐ の中に入れるべき適当な用語を〈用語群〉の中から選び、その記号を所定の欄に記入しなさい。

発生主義会計は │ 1 │ の公準のもとで、適正な │ 2 │ を測定する手段として広く用いられている会計方式であり、発生主義の原則、│ 3 │ の原則および │ 4 │ の原則という3つの計算原則を軸とする。発生主義の原則は、主として費用について、│ 5 │ の有無にとらわれることなく、それが、│ 6 │ したと認められる事実に基づいて計上することを要請する計算原則である。

│ 3 │ の原則は、収益について │ 7 │ の有無に関わりなく、それが │ 8 │ したと認められる時点に計上することを要請する計算原則である。

〈用語群〉

ア	保守主義	イ	継続企業	ウ	費用配分	エ	財産法
オ	費用	カ	取引	キ	貨幣価値一定	ク	期間対応
ケ	費用収益対応	コ	現金収入	サ	発生主義	シ	損益
ス	実現主義	セ	発生	ソ	現金支出	タ	正規の簿記
チ	収益	ツ	給付	テ	実現	ト	損益法

1	2	3	4	5	6	7	8

第４章　資産会計論

問題４－１　資産の評価原則(1)　　　　　　　　　　　　　　　　　⇒ 解答P.84

　次の文の 　　　　　 の中に入れるべき適当な用語を〈用語群〉の中から選び、その記号を所定の欄に記入しなさい。

　貸借対照表に記載する資産の価額は、原則として、当該資産の 　1　 を基礎として計上しなければならない。

　資産の 　1　 は、資産の種類に応じた 　2　 によって、各事業年度に配分しなければならない。有形固定資産は、当該資産の 　3　 にわたり、定額法、定率法等の一定の減価償却の方法によって、その 　1　 を各事業年度に配分し、無形固定資産は、当該資産の 　4　 にわたり、一定の減価償却の方法によって、その 　1　 を各事業年度に配分しなければならない。

〈用語群〉

　　ア　耐用期間　　イ　取得原価　　ウ　有効期間　　エ　費用配分の原則

1	2	3	4

問題４－２　資産の評価原則(2)　　　　　　　　　　　　　　　　　⇒ 解答P.84

　次の文の 　　　　　 の中に入れるべき適当な用語を〈用語群〉の中から選び、その記号を所定の欄に記入しなさい。

　資産の貸借対照表価額について、その資産の現在の市場価額などを基礎として計上する基準を 　1　 という。 　1　 によると 　2　 が計上される可能性がある。

　資産の貸借対照表価額について、その資産から得られる将来キャッシュ・フローの予測額を一定の利子率で割引計算した現在価値をもって計上する基準を 　3　 という。 　3　 によると 　4　 を知ることができるという点で有用であるが、その測定には主観的判断が介入することになる。

〈用語群〉

　　ア　割引現在価値基準　　イ　未実現利益　　ウ　時価基準　　エ　経済的便益

1	2	3	4

第5章　農業における収益取引の処理

問題 5 － 1 　　収益の計上基準(1)　　　　　　　　　　　　　　　⇒ 解答 P.85

　大原農場（決算日：3月31日）における某農作物に関する情報は以下のとおりである。これにより、次の①～②の収益計上基準を採用した場合の売上計上日を示しなさい。

　　X1年3月10日：某農作物3 t を3,600千円で販売する契約を販売先と締結した。

　　X1年3月25日：某農作物3 t を当農場の敷地から収穫した。

　　X1年3月26日：某農作物3 t を販売先への運送をB運送業者に依頼し、出荷した。

　　X1年3月27日：某農作物3 t が販売先に到着した（納品された）。

　　X1年3月29日：某農作物3 t に関する販売先からの検収完了通知を受領した。

　　X1年4月30日：某農作物3 t に関する販売代金が当農場の普通預金口座に入金された。

① 　収穫基準　　　　　年　　　　月　　　　日

② 　検収基準　　　　　年　　　　月　　　　日

| 問題5－2 | 収益の計上基準(2) | ⇒ 解答P.85 |

次の文の 　　　　 の中に入れるべき適当な用語を〈用語群〉の中から選び、その記号を所定の欄に記入しなさい。

問1　委託販売における収益認識基準

　　　1　……受託者が委託品を販売した日を売上計上日とする基準
　　　2　……精算書又は売上計算書が到達した日を売上計上日とする基準
　　　3　……概算金、精算金をそれぞれ受け取った日を売上計上日とする基準

〈用語群〉

　ア　概算金等受領日基準　　イ　受託者販売日基準　　ウ　売上計算書到達日基準

1	2	3

問2　交付金等の収益認識基準

　法令に基づき給付を受ける交付金等については、　1　によることが原則であるが、農業に関する交付金等の特殊性に鑑み、　2　によることができる。

〈用語群〉

　ア　交付金等通知日基準　　イ　交付事実発生日基準

1	2

－ 23 －

第6章　諸取引の処理

問題6－1　減価償却⑴　　　　　　　　　　　　　　　　　⇒解答P.86

　次に掲げる〔資料Ⅰ〕及び〔資料Ⅱ〕により、決算整理後残高試算表を作成しなさい。
なお、減価償却費の計算にあたって円未満の端数は切り捨てる（当期：X5年4月1日～X6
年3月31日）。

〔資料Ⅰ〕決算整理前残高試算表（X6年3月31日）

残　高　試　算　表			（単位：円）
建　　　　　物	1,250,000	減 価 償 却 累 計 額	180,350
備　　　　　品	300,000		

〔資料Ⅱ〕減価償却に関する事項

	償却方法	残存価額	耐用年数又は償却率	事業供用日
建　物	定額法	取得原価の10%	30年	X1年12月1日
備　品	定率法	取得原価の10%	年0.369	X4年10月1日

決算整理後残高試算表			（単位：円）
建　　　　　　　物　（	）	減 価 償 却 累 計 額　（	）
備　　　　　　　品　（	）		
減 価 償 却 費　（	）		

⇒ 解答P.86

問題6－2　減価償却(2)

　次の〔資料〕を参照して決算整理後残高試算表を作成しなさい。なお、〔資料〕より判明しないことは考慮しなくてよい。

〔資料〕

1．決算整理前残高試算表（X6年3月31日）

<table>
<tr><td colspan="4" align="center">残　高　試　算　表</td><td align="right">（単位：円）</td></tr>
<tr><td>備　　　品</td><td align="right">200,000</td><td>機械減価償却累計額</td><td align="right">80,000</td></tr>
<tr><td>機　　　械</td><td align="right">400,000</td><td>車両減価償却累計額</td><td align="right">？</td></tr>
<tr><td>車　　　両</td><td align="right">1,200,000</td><td></td><td></td></tr>
</table>

2．減価償却に関する資料

<table>
<tr><td></td><td>償却方法</td><td>耐用年数</td><td>年償却率</td><td>備　　　　考</td></tr>
<tr><td>備　品</td><td>定　率　法</td><td>10年</td><td>0.206</td><td>X5年7月1日取得・使用開始</td></tr>
<tr><td>機　械</td><td>級　数　法</td><td>8年</td><td>――</td><td>X4年4月1日取得・使用開始</td></tr>
<tr><td>車　両</td><td>生産高比例法</td><td>――</td><td>――</td><td>X3年9月1日取得・使用開始</td></tr>
</table>

⑴　過年度の減価償却は適切に処理されている。

⑵　残存価額はいずれも取得原価の10％である。

⑶　車両の総走行距離は100,000km、実際走行距離はX3年度が6,500km、X4年度が9,500km、X5年度が11,000kmであった。

<table>
<tr><td colspan="4" align="center">決算整理後残高試算表</td><td align="center">（単位：円）</td></tr>
<tr><td>備　　　品</td><td align="right">200,000</td><td>備品減価償却累計額</td><td align="center">（　　　　　　）</td></tr>
<tr><td>機　　　械</td><td align="right">400,000</td><td>機械減価償却累計額</td><td align="center">（　　　　　　）</td></tr>
<tr><td>車　　　両</td><td align="right">1,200,000</td><td>車両減価償却累計額</td><td align="center">（　　　　　　）</td></tr>
<tr><td>減 価 償 却 費</td><td align="center">（　　　　　　）</td><td></td><td></td></tr>
</table>

問題６－３　減価償却(3)　　　　　　　　　　　　　　　⇒ 解答P.87

　　次の〔**資料**〕を参考にし、①X21年度の減価償却費、②X23年度の減価償却費、③X26年度の減価償却費のそれぞれの金額を答案用紙に示しなさい。なお、資料から判明しない事項については考慮しなくてよい。

〔**資料**〕

1．当社は、従来から使用している機械装置が老朽化したため、X21年度期首に取得原価3,500,000円で新たに機械装置を購入した。当該機械装置については、耐用年数7年、新定率法にて減価償却を行う。

2．計算に必要な償却率等は下記に示すとおりである。

　　　　償却率：0.357　　改定償却率：0.500　　保証率：0.05496

3．なお、減価償却費の計算上、端数が生じる場合には円未満を四捨五入して解答すること。

（単位：円）

①　X21年度の減価償却費	②　X23年度の減価償却費	③　X26年度の減価償却費

問題 6 － 4　売買目的有価証券(1)　　　　　　　　　　　　⇒ 解答 P.88

　以下の〔資料〕に基づき、財務諸表を作成しなさい。なお、当期はX1年 4 月 1 日より始まる 1 年間である。

〔資料 I 〕決算整理前残高試算表（X2年 3 月31日）

残 高 試 算 表　　　　　　　　　　（単位：千円）

有　価　証　券	170,000

〔資料 II 〕決算整理事項等

１．当社が期末現在に保有する有価証券は以下のとおりである。

銘柄	保有目的	取得価額	前期末時価	当期末時価
A社株式	売買目的	60,000千円	58,000千円	65,000千円
B社株式	売買目的	120,000千円	110,000千円	125,000千円

２．当社は売買目的有価証券の評価差額の処理方法について、切放法を採用している。

３．当社はA社株式を当期に取得し、B社株式を前期に取得している。

貸 借 対 照 表

会社名省略　　　　　　　　　　X2年 3 月31日　　　　　　　　　（単位：千円）

有　価　証　券　（	）	

損 益 計 算 書

会社名省略　　　　　　自X1年 4 月 1 日　至X2年 3 月31日　　　　（単位：千円）

	有 価 証 券 評 価 益　（	）

| 問題6－5 | 売買目的有価証券(2) | ⇒ 解答P.89 |

　以下の〔資料〕を参考に、答案用紙に示す決算整理後残高試算表の数値を解答しなさい。なお、当社の有する有価証券はすべて売買目的有価証券であり、評価差額の処理方法については洗替法を採用している。また、当期はX5年4月1日より始まる1年間である。

〔資料Ⅰ〕決算整理前残高試算表

残　高　試　算　表　　　　　（単位：千円）

| 有　価　証　券 | 23,500 | 有価証券評価損益 | 2,000 |

〔資料Ⅱ〕当社が当期末現在保有する有価証券（すべて前期に取得）

銘柄	取得価額	前期末時価	当期末時価
A社株式	15,000千円	12,500千円	16,300千円
B社株式	8,500千円	9,000千円	7,900千円

決算整理後残高試算表　　　　　（単位：千円）

| 有　価　証　券 | （　　　　　　） | 有価証券評価損益 | （　　　　　　） |

問題6－6　満期保有目的の債券(1)　　　　　　　　　　⇒ 解答P.89

　以下の〔資料〕を参照して損益計算書及び貸借対照表を作成しなさい。なお、〔資料〕より判明しないことは考慮しなくてよい。また、当期はX2年4月1日より開始する1年間である。

〔資料Ⅰ〕決算整理前残高試算表（X3年3月31日）

<table>
<tr><td colspan="3" align="center">残　高　試　算　表</td><td align="right">（単位：千円）</td></tr>
<tr><td>投　資　有　価　証　券</td><td align="center">？</td><td></td><td></td></tr>
</table>

〔資料Ⅱ〕決算整理事項及び参照事項

1．当社は、甲社がX1年4月1日に発行した期間5年の利付債（額面総額：300,000千円、クーポン利子率：年3％、利払日：毎年3月末、年1回後払い）を満期まで所有する意図をもって保有している。当社は、当該社債の発行時に285,000千円で取得しており、債券金額との差額は金利の調整と認められる。

2．償却原価法の適用にあたっては、定額法を採用している。

3．当社が保有する投資有価証券は上記の甲社社債のみである。

4．甲社社債に関する前期までの会計処理は適正に行われているが、当期の会計処理はすべて未処理である。

<table>
<tr><td colspan="3" align="center">損　益　計　算　書</td></tr>
<tr><td>会社名省略</td><td align="center">自X2年4月1日　至X3年3月31日</td><td align="right">（単位：千円）</td></tr>
<tr><td></td><td>有　価　証　券　利　息　（　　　　　　　）</td><td></td></tr>
</table>

<table>
<tr><td colspan="3" align="center">貸　借　対　照　表</td></tr>
<tr><td>会社名省略</td><td align="center">X3年3月31日</td><td align="right">（単位：千円）</td></tr>
<tr><td>投　資　有　価　証　券　（　　　　　　　）</td><td></td><td></td></tr>
</table>

問題6－7　満期保有目的の債券(2)　　　　　　　　　　　　⇒ 解答P.90

　以下に示す〔資料〕を参考にして、答案用紙に示した財務諸表の一部を完成させなさい。なお、当期はX21年度（X21年4月1日から始まる1年間）である。

〔資料Ⅰ〕決算整理前残高試算表（X22年3月31日）

残　高　試　算　表　　　　　　　（単位：千円）

投 資 有 価 証 券	？	有 価 証 券 利 息	？

〔資料Ⅱ〕投資有価証券に関する資料

　1．当社は、X20年4月1日に甲社社債（償還期日：X25年3月31日、クーポン利子率：年3％、利払日：毎年3月末日の年1回）を4,567,052千円で取得した（満期保有目的）。当該社債の額面総額は5,000,000千円であり、取得価額と額面金額との差額は金利の調整と認められるので、償却原価法（利息法）を適用することとした（実質利子率：年5％）。

　2．解答にあたって千円未満の端数が生じた場合は、そのつど千円未満を四捨五入すること。

貸　借　対　照　表

会社名省略　　　　　　　　X22年3月31日　　　　　　　　（単位：千円）

投 資 有 価 証 券 （　　　　　　　）	

損　益　計　算　書

会社名省略　　　　自X21年4月1日　至X22年3月31日　　　　（単位：千円）

	有 価 証 券 利 息 （　　　　　　　）

| 問題6－8 | その他有価証券(1) | ⇒ 解答P.91 |

以下の〔資料〕に基づき、答案用紙に示した貸借対照表を作成しなさい。

〔資料Ⅰ〕決算整理前残高試算表（X3年3月31日）

残　高　試　算　表　　　　（単位：千円）

| 投 資 有 価 証 券 | 70,000 | |

〔資料Ⅱ〕決算整理事項等

1．当社が期末現在に保有する有価証券の明細は以下のとおりである。

銘柄	帳簿価額	前期末時価	当期末時価	区　　分
A社株式	80千円/株（500株）	79千円/株	82千円/株	その他有価証券
B社株式	75千円/株（400株）	76千円/株	73千円/株	その他有価証券

2．当社はその他有価証券の評価差額の処理方法について、全部純資産直入法を採用している。

貸　借　対　照　表

会社名省略		X3年3月31日		（単位：千円）
投 資 有 価 証 券　（	）（	） （	）	

問題6－9　その他有価証券(2)　　　　　　　　　　　　　⇒ 解答P.92

　次の〔**資料**〕に基づき、答案用紙に示す決算整理後残高試算表の一部を作成しなさい。なお、会計期間はX3年3月31日を決算日とする1年間である。

〔**資料Ⅰ**〕決算整理前残高試算表（X3年3月31日）

残　高　試　算　表			（単位：千円）
投 資 有 価 証 券	400,000	その他有価証券評価差額金	20,000

〔**資料Ⅱ**〕決算整理事項（投資有価証券に関するもののみ）

銘柄	X1年度		X2年度
	帳簿価額	期末時価	期末時価
A社株式	150,000千円	170,000千円	190,000千円
B社株式	280,000千円	230,000千円	200,000千円
合計	430,000千円	400,000千円	390,000千円

　※　当社の保有する有価証券はすべてその他有価証券に属するものであり、当期において一切売買は行われていない。

〔**資料Ⅲ**〕留意事項

　1．その他有価証券の評価差額の処理については部分純資産直入法を採用している。

　2．その他有価証券に関する項目につき、当期首における洗替えは行われていない。

　3．資料から判明しない事項は考慮しないこととする。

決算整理後残高試算表			（単位：千円）
投 資 有 価 証 券 （　　　　　　　）		その他有価証券評価差額金 （　　　　　　　）	
（　　　　　　　）（　　　　　　　）			

問題 6 － 10　有価証券の減損処理　　　　　　　　　　　　　⇒ 解答 P.92

　以下の〔**資料**〕を参考にして答案用紙の決算整理後残高試算表の空欄項目を埋めなさい。

〔**資料Ⅰ**〕決算整理前残高試算表

残　高　試　算　表　　　　　（単位：千円）

関 係 会 社 株 式	100,000	

〔**資料Ⅱ**〕決算整理事項等

1．決算日現在保有する株式に関する事項

	帳簿価額	期末時価	区分
甲社株式	80千円/株（500株）	76千円/株	子会社
乙社株式	75千円/株（800株）	――――	関連会社

2．乙社株式に関する事項

　　当社は乙社の発行済株式の20％を保有している。期末現在、乙社の財政状態は著しく悪化しているため、実価法を適用することにした。なお、期末に入手した乙社の貸借対照表の要約は以下のとおりである。

貸　借　対　照　表

乙　社　　　　　　　　　　日　付　省　略　　　　　　　　（単位：千円）

諸　　資　　産	250,000	諸　　負　　債	100,000
		資　　本　　金	200,000
		繰 越 利 益 剰 余 金	△50,000
	250,000		250,000

決算整理後残高試算表　　　　　　　（単位：千円）

関 係 会 社 株 式	（　　　　　　）	
関係会社株式評価損	（　　　　　　）	

問題 6 −11　外部出資　　　　　　　　　　　　　　　　　　⇒ 解答 P.93

以下の取引の仕訳を示しなさい。

　A農事組合法人は、B農業協同組合に対する出資を行い、出資額5,000千円を普通預金口座から支払った。

（単位：千円）

問題 6 −12　ファイナンス・リース取引の判定　　　　　　　⇒ 解答 P.93

　当社は、リース会社から、営業用の備品をリースする契約を行った。以下の〔資料〕をもとにして、ファイナンス・リース取引に該当するか否かを判断し、決算整理後残高試算表を作成しなさい。なお、当社の会計期間はX3年3月31日を決算日とする1年間である。また、計算上生じた端数は千円未満を四捨五入すること。

〔資料〕

リース物件	年間リース料	リース契約時の見積現金購入価額	経済的耐用年数	解約不能のリース期間
甲備品	173,231千円	900,000千円	8年	X1年4月1日から5年
乙備品	55,098千円	220,000千円	6年	X1年4月1日から4年

（注1）　リース料は毎年3月末に1年分を支払う契約である。

（注2）　ファイナンス・リースについては、リース期間終了後、所有権が当社に移転する。

（注3）　残存価額は取得原価の10%とし、減価償却方法は定額法とする。

（注4）　貸手の計算利子率は不明であり、当社の追加借入利子率は年4%である。

決算整理後残高試算表　　　　　　（単位：千円）

リ ー ス 資 産（　　　　）	リ ー ス 債 務（　　　　）
減 価 償 却 費（　　　　）	減価償却累計額（　　　　）
支 払 リ ー ス 料（　　　　）	
支 払 利 息（　　　　）	

問題6−13　所有権移転ファイナンス・リース取引(1)　⇒解答P.94

　当社は、当期首（X1年4月1日）にリース会社とリース契約を結び作業用機械をリースした。なお、当該リース取引は、ファイナンス・リース取引と判定された。

　このとき、以下の〔資料〕を参照して当期（X1年4月1日〜X2年3月31日）における決算整理後残高試算表を作成しなさい。なお、計算上生じた端数は千円未満を四捨五入すること。

〔資料Ⅰ〕決算整理前残高試算表（X2年3月31日）

残　高　試　算　表	（単位：千円）
リ ー ス 資 産 （　　　？　　　）	リ ー ス 債 務 （　　　？　　　）
支 払 利 息 （　　　？　　　）	

〔資料Ⅱ〕リース契約の内容

1．リース期間：5年、適用利率：年3％（貸手の計算利子率）

2．リース料は毎年3月末日に32,753千円ずつ支払う契約である。なお、当社は当該リース料について小切手を振り出して支払うことにしている。

3．当該機械の貸手の現金購入価額：150,000千円

4．当該機械の経済的使用可能予測期間：10年

　なお、残存価額はリース資産計上額の10％とし、定額法にて償却する。

5．当該リース契約には、所有権移転条項が付されている。

決算整理後残高試算表	（単位：千円）
リ ー ス 資 産 （　　　　　　）	リ ー ス 債 務 （　　　　　　）
減 価 償 却 費 （　　　　　　）	減価償却累計額 （　　　　　　）
支 払 利 息 （　　　　　　）	

問題6－14　所有権移転ファイナンス・リース取引(2)　　　　⇒ 解答P.95

　当社は、リース会社から、車両をリースする契約をした。なお、当該リース取引は、ファイナンス・リース取引と判定された。

　このとき、以下の〔資料〕を参照して当期（X2年4月1日〜X3年3月31日）における決算整理後残高試算表を作成しなさい。なお、計算上生じた端数は千円未満を四捨五入すること。

〔資料Ⅰ〕決算整理前残高試算表（X3年3月31日）

残　高　試　算　表			（単位：千円）
仮　　払　　金	231,000※	リ ー ス 債 務 （　　　？　　　）	
リ ー ス 資 産 （　　　？　　　）		減 価 償 却 累 計 額 （　　　？　　　）	

　※　当期のリース料支払時に計上された金額である。

〔資料Ⅱ〕リース契約の内容

1．当該車両の借手の見積現金購入価額は820,000千円である。

2．貸手の現金購入価額及び計算利子率は不明である。

3．当社の追加借入利子率は、年6.024％である。

4．解約不能のリース期間：4年

5．リース開始日：X1年4月1日

6．リース料総額：924,000千円（リース料は毎年3月末に、経過した1年分を現金で支払う）

7．リース期間終了後、リース物件の所有権は当社に移転する。

8．残存価額は取得原価の10％とし、減価償却方法は定額法とする。

9．経済的使用可能予測期間は、8年間である。

決算整理後残高試算表			（単位：千円）
リ ー ス 資 産 （　　　　　　）		リ ー ス 債 務 （　　　　　　）	
減 価 償 却 費 （　　　　　　）		減 価 償 却 累 計 額 （　　　　　　）	
支 払 利 息 （　　　　　　）			

問題6−15　所有権移転外ファイナンス・リース取引　　　　　⇒ 解答P.97

　当社は、前期首（X1年4月1日）にリース会社とリース契約を結び作業用機械をリースした。以下の〔資料〕に基づいて決算整理後残高試算表を作成しなさい。なお、当社の会計期間は3月31日を決算日とする1年間である。また、計算上生じた端数は千円未満を四捨五入すること。

　なお、当該リース取引は、所有権移転外ファイナンス・リース取引と判定された。

〔資料Ⅰ〕リース契約の内容

　1．解約不能のリース期間：5年

　2．当社の見積現金購入価額は160,000千円である。（貸手の現金購入価額は不明）

　3．当社の追加借入利子率は、年3％である。（貸手の計算利子率は不明）

　4．リース料は毎年3月末日に33,845千円ずつ支払う契約になっている。なお、当社は当該リース料について小切手を振り出して支払うことにしている。

　5．当該機械の経済的耐用年数：10年

　　　なお、当該リース資産については、定額法にて償却する。

　6．リース契約満了後、リース資産の所有権は当社に移転しない。

〔資料Ⅱ〕決算整理前残高試算表（X3年3月31日）

残　高　試　算　表　　　　　（単位：千円）

リ ー ス 資 産 (?)	リ ー ス 債 務 (?)
支 払 利 息 (?)	減価償却累計額 (?)

決算整理後残高試算表　　　　　（単位：千円）

リ ー ス 資 産 ( )	リ ー ス 債 務 ( )
減 価 償 却 費 ( )	減価償却累計額 ( )
支 払 利 息 ( )	

[問題 6 −16]　社債の発行　　　　　　　　　　　　　　　　⇒ 解答 P.98

次の取引の仕訳を行いなさい。

(1)　神戸商事株式会社は、平成×年4月1日に額面総額￥40,000,000の社債（期間5年、
利率年8％、利払日3月及び9月末日）を額面@￥100につき@￥95の条件で発行し、
払込金は当座預金とした。

　　また、社債発行のための諸費用￥450,000は小切手を振り出して支払った。

----

(2)　難波商事株式会社は、平成×年1月1日に額面総額￥30,000,000の社債（期間6年、
利率年6％、利払日6月及び12月末日）を額面@￥100につき@￥94の条件で発行し、
払込金は当座預金とした。

　　また、社債発行のための諸費用￥300,000は小切手を振り出して支払った。

[問題 6 −17]　社債利息の支払い　　　　　　　　　　　　　　⇒ 解答 P.99

次の資料に基づいて、利払日の仕訳を行いなさい。

(1)　神戸商事株式会社は、平成×年4月1日に額面総額￥40,000,000の社債（期間5年、
利率年8％、利払日3月及び9月末日）を額面@￥100につき@￥95の条件で発行して
いた。

　　なお、社債利息の支払いは、利払日に全額当座預金口座から引き落とされている。

----

(2)　難波商事株式会社は、平成×年1月1日に額面総額￥30,000,000の社債（期間6年、
利率年6％、利払日6月及び12月末日）を額面@￥100につき@￥94の条件で発行して
いた。

　　なお、社債利息の支払いは、利払日に全額当座預金口座から引き落とされている。

問題6−18　賞与引当金(1)　　　　　　　　　　⇒ 解答P.99

次の取引について仕訳を示しなさい（決算日：3月31日）。

(1)　3月31日　決算において、翌期6月に支払う予定の夏期従業員賞与のうち当期負担分を賞与引当金（月割計算）として計上した。なお、翌期6月30日の見積賞与支給額は600,000円である（夏期賞与計算期間：1月1日〜6月30日）。

(2)　6月30日　夏期従業員賞与600,000円を支給し、現金で支払った。

（単位：円）

(1)
----

(2)

問題6−19　賞与引当金(2)　　　　　　　　　　⇒ 解答P.99

以下の〔資料〕より当期の一連の取引について仕訳を示しなさい（当期：X8年4月1日〜X9年3月31日）。なお、前期末において賞与引当金を62,000千円設定している。

〔資料〕

賞与計算期間	賞与支給見込金額	賞与支給日
X7年12月〜X8年5月	93,000千円	X8年6月15日
X8年6月〜X8年11月	96,000千円	X8年12月15日
X8年12月〜X9年5月	99,000千円	X9年6月15日

(1)　X8年6月15日　従業員賞与93,000千円を現金で支払った。

(2)　X8年12月15日　従業員賞与96,000千円を現金で支払った。

(3)　X9年3月31日　決算に際し、賞与引当金を設定する（月割計算）。

（単位：千円）

(1)

----

(2)
----

(3)

問題6−20　修繕引当金　　　　　　　　　　　　　　　　　⇒ 解答P.100

以下の取引について仕訳を示しなさい。

(1) 決算において次期に行われる予定の営業用建物の修繕に備えて修繕引当金500,000円を設定した。

(2) 翌期に、当該営業用建物の修繕を行い、修繕費600,000円を小切手で支払った。

（単位：円）

(1)

----

(2)

問題6−21　退職給付債務の計算　　　　　　　　　　　　　⇒ 解答P.100

乙氏は、X1年度期首に入社して、X5年度末に退社することが100％見込まれている。そこで、乙氏のX4年度末の退職給付債務と、X4年度に乙氏の退職給付債務について計上された勤務費用と利息費用を以下の〔資料〕を参照して答えなさい。

〔資料〕

1．乙氏はX5年度末の退職時に退職一時金6,945,750円を受け取ることになっている。

2．退職給付債務計算の割引率は年利率５％を用いること。

3．退職給付見込額のうち期末までに発生したと認められる額は期間定額基準による。

X4年度末の乙氏に係る退職給付債務　　＿＿＿＿＿＿＿＿＿円

X4年度の乙氏に係る勤務費用　　　　　＿＿＿＿＿＿＿＿＿円

X4年度の乙氏に係る利息費用　　　　　＿＿＿＿＿＿＿＿＿円

問題6－22　退職一時金制度　　　　　　　　　　　　　　⇒ 解答P.101

　次に示す退職給付会計の資料をもとにして、仕訳をまとめて示すとともに、答案用紙に示した各項目について金額を算定しなさい。

〔資料〕
⑴　退職給付債務の期首残高は50,000千円である。
⑵　退職給付債務の割引率は4％である。
⑶　当期の勤務費用は6,500千円である。
⑷　当期の退職一時金の支払額は3,000千円である。
　　なお、期首・期末において差異は一切発生していない。

（単位：千円）

退職給付引当金　　　＿＿＿＿＿＿千円　　退職給付債務　　＿＿＿＿＿＿千円

問題6－23　確定給付企業年金制度　⇒ 解答P.102

次に示す退職給付会計の資料をもとにして、仕訳をまとめて示すとともに、答案用紙に示した各項目の金額を算定しなさい。

〔資料〕

(1)　当社は退職給付について、外部の年金基金を利用している。

(2)　年金資産の期首残高は40,000千円、退職給付債務の期首残高は90,000千円である。

(3)　年金資産の長期期待運用収益率は2％、退職給付債務の割引率は4％である。

(4)　当期の勤務費用は8,000千円、年金基金への拠出額は1,000千円である。

(5)　当期の年金基金からの退職金の支払額は500千円である。

(6)　期首、期末において、差異等は一切発生していない。

(7)　退職者がいる場合には、年金基金より退職金を支払っている。

(単位：千円)

退職給付引当金　＿＿＿＿＿＿千円

退職給付債務　＿＿＿＿＿＿千円　　年 金 資 産　＿＿＿＿＿＿千円

問題6－24　会計上の変更及び誤謬の訂正　⇒ 解答P.102

次に示す表の空欄①〜④に適切な用語を示しなさい。

区　　　　分		遡及処理の有無
会計上の変更	[　①　]の変更	遡及処理する（遡及適用）
	表示方法の変更	遡及処理する（[　②　]）
	[　③　]の変更	遡及処理しない
誤謬の訂正		遡及処理する（[　④　]）

①　---

②　---

③　---

④　---

問題6−25　株式の発行　　　　　　　　　　　　　⇒ 解答P.103

次の取引について仕訳を示しなさい。

(1)　会社設立に際し、株式15株を1株の発行価額80,000円で発行し、全額払込みを受け当座預金とした。なお、答案用紙の指示に従って仕訳を示すこと。

(2)　増資にあたり、株式10株を1株の発行価額70,000円で発行し、全額払込みを受け当座預金とした。なお、答案用紙の指示に従って仕訳を示すこと。

（単位：円）

(1)①　払込金額の全額を資本金とする場合

----

②　会社法規定の最低限度額を資本金に組み入れる場合

----

(2)①　払込金額の全額を資本金とする場合

----

②　会社法規定の最低限度額を資本金に組み入れる場合

⇒ 解答P.103

問題6－26　剰余金の配当(1)

　以下の〔資料〕を参照して剰余金の配当に関する仕訳を示しなさい。

〔資料Ⅰ〕期首残高試算表

<table>
<tr><td colspan="2" style="text-align:center">期首残高試算表</td><td>（単位：千円）</td></tr>
<tr><td>資　　本　　金</td><td>800,000</td></tr>
<tr><td>資　本　準　備　金</td><td>20,000</td></tr>
<tr><td>利　益　準　備　金</td><td>160,000</td></tr>
<tr><td>繰 越 利 益 剰 余 金</td><td>370,000</td></tr>
</table>

〔資料Ⅱ〕剰余金の配当について

　当期中に開催された定時株主総会において、次のとおり剰余金の配当が決議された。

①　準　備　金：会社法及び会社計算規則で定める額

②　配　当　金：150,000千円（繰越利益剰余金を財源とする）

（単位：千円）

| 問題6－27 | 剰余金の配当(2) | ⇒ 解答P.104 |

以下の〔**資料**〕を参照して剰余金の配当に関する仕訳を示しなさい。

〔**資料Ⅰ**〕期首残高試算表

期首残高試算表 （単位：千円）

	資　　本　　金	500,000
	資　本　準　備　金	40,000
	そ の 他 資 本 剰 余 金	80,000
	利　益　準　備　金	70,000
	繰 越 利 益 剰 余 金	350,000

〔**資料Ⅱ**〕剰余金の配当について

　当期中に開催された定時株主総会において、次のとおり剰余金の配当が決議された。

①　準　備　金：会社法及び会社計算規則で定める額

②　配　当　金：100,000千円（内訳：その他資本剰余金10,000千円、繰越利益剰余金 90,000千円を財源とする）

（単位：千円）

問題6－28　剰余金の配当(3)　　　　　　　　　　　　　⇒ 解答P.104

　　以下の〔資料〕を参照して剰余金の配当に関する仕訳を示しなさい。

〔資料Ⅰ〕期首残高試算表

期首残高試算表	（単位：千円）
資　本　金	500,000
資 本 準 備 金	50,200
そ の 他 資 本 剰 余 金	40,000
利 益 準 備 金	70,000
繰 越 利 益 剰 余 金	270,000

〔資料Ⅱ〕剰余金の配当について

　　当期中に開催された定時株主総会において、次のとおり剰余金の配当が決議された。

①　準備金：会社法及び会社計算規則で定める額

②　配当金：60,000千円（内訳：その他資本剰余金10,000千円、繰越利益剰余金50,000
　　　　　　千円を財源とする）

（単位：千円）

第7章　税効果会計

問題7−1　棚卸資産の評価損　　　　　　　　　　　　　　　⇒ 解答P.105

　以下について、決算日に必要な税効果会計の仕訳を示しなさい。なお、法人税等の実効税率は40%とする。また、必要があれば千円未満を四捨五入すること。

　A社はX1年度に事業を開始した。X1年度末の商品の帳簿棚卸高は2,500千円であったが、正味売却価額は2,200千円であったため、有税処理により評価損を計上した。また、X2年度末の商品の帳簿棚卸高は3,000千円であったが、正味売却価額は2,600千円であるため、有税処理により評価損を計上した。なお、X1年度末の商品はX2年度においてすべて売却されている。

（単位：千円）

(1)　X1年度末

- -

(2)　X2年度末

　①　X1年度末に生じた一時差異の解消

- -

　②　X2年度末に生じた一時差異

- -

| 問題7-2 | 圧縮積立金 | ⇒ 解答P.105 |

　以下の資料を参考にして、①、②それぞれにおける税効果会計及び圧縮積立金に関する仕訳を示しなさい。なお、実効税率は40%とする。

　　X1年4月1日　土地取得のため国庫補助金として10,000千円を受領し、当座預金に入金した。

　　X2年3月31日　受領した国庫補助金を充当して土地20,000千円を取得し、代金は小切手を振り出して支払った。なお、積立金方式により圧縮記帳を行う。

　　X6年3月31日　上記土地を売却した。

①　X2年3月31日の仕訳（税効果会計の適用及び圧縮積立金の計上）

②　X6年3月31日の仕訳（税効果会計の適用及び圧縮積立金の取崩し）

（単位：千円）

①　X2年3月31日の仕訳

----

②　X6年3月31日の仕訳

第8章　本支店会計

| 問題8－1 | 本支店間取引(1) | ⇒ 解答P.107 |

次の取引について、本店及び支店の仕訳を示しなさい。

(1) 本店は支店を開設し、現金200,000円を渡した。

(2) 本店は商品500,000円（原価）を支店へ送付し、支店はこれを受け取った。

(3) 支店は、本店の得意先から売掛金100,000円を現金で回収した。本店はこの通知を受けた。

(4) 支店は本店の買掛金500,000円を本店に代わって現金で支払った。

(5) 本店は支店従業員の出張旅費10,000円を現金で立替払いした。

（単位：円）

(1) 本店

　　支店

(2) 本店

　　支店

(3) 本店

　　支店

(4) 本店

　　支店

(5) 本店

　　支店

問題8－2　本支店間取引(2)　　　　　　　　　　　　　　⇒ 解答P.107

　次の取引について、本店及び支店の仕訳を示しなさい。

(1)　本店は、支店に原価400,000円の商品を、原価の10％増の価格で送付し、支店はこれを受け取った。

(2)　支店は、本店所管の建物の賃借人から賃貸料として20,000円を現金で受け取った。

(単位：円)

(1)　本店

　　　支店

(2)　本店

　　　支店

問題 8 - 3 ┃ 未達取引　　　　　　　　　　　　　　　　⇒ 解答 P.108

　本店における支店勘定の期末残高は312,000円（借方残高）であり、支店における本店勘定の期末残高は210,000円（貸方残高）である。原因を調査したところ、次の未達取引事項があった。

　そこで①未達取引事項に係る整理仕訳を行い、②支店勘定及び本店勘定の未達取引整理後残高を求めなさい。

〔未達取引事項〕

⑴　本店は支店に商品110,000円（支店受入価額）を発送したが、支店に未達であった。

　　なお、本店は支店に商品を発送する際、仕入原価の10%増の価格で行っている。

⑵　支店は現金60,000円を本店へ送金したが、本店に未達であった。

⑶　本店は支店負担分の営業費12,000円を立替払いしたが、その通知が支店に未達であった。

⑷　本店は支店の売掛金120,000円を回収したが、その通知が支店に未達であった。

⑸　支店は本店の買掛金40,000円を立替払いしたが、その通知が本店に未達であった。

（単位：円）

①　未達取引事項に係る整理仕訳

　⑴
　--
　⑵
　--
　⑶
　--
　⑷
　--
　⑸
　--

②　支店勘定及び本店勘定の未達取引整理後残高

　　　支店勘定の整理後残高（　　　　　　　）

　　　本店勘定の整理後残高（　　　　　　　）

| 問題 8 － 4 | 内部利益の控除 | ⇒ 解答 P.108 |

以下の各ケースにおける内部利益の金額を計算しなさい。ただし、本店が支店に商品を送付する際、本店における仕入原価に10%の利益を加算して振替価格を設定している。

（ケース 1 ）

期末商品棚卸高：本店　　　90,000円

支店　　　60,000円（すべて外部仕入分）

（ケース 2 ）

期末商品棚卸高：本店　　　　　　　96,000円

支店 { 外部仕入分　　39,200円

本店仕入分　　30,800円

（ケース 3 ）

1．以下の未達取引事項があるので、支店の決算整理手続において整理する。

本店は支店に商品13,200円（支店受入価額）を送付したが、支店に未達であった。

2．期末商品棚卸高は次のとおりである。

本店　　　　　　　86,000円

支店 { 外部仕入分　　42,200円

本店仕入分　　31,900円（未達取引事項を除く）

内部利益の金額：　　　　　　　　　　　　（単位：円）

（ケース 1 ）	
（ケース 2 ）	
（ケース 3 ）	

第 9 章　連結会計

⇒ 解答 P.110

| 問題 9 － 1 | 100％子会社の連結 |

以下の〔資料〕を参照して、X1年度（X1年12月31日を決算日とする1年間）におけるP社の連結貸借対照表を作成しなさい。なお、P社、S社の会計期間及びP社の連結会計期間は毎期1月1日から12月31日までの1年間である。

〔資料Ⅰ〕

　P社はX1年度末において、S社株式の100％を50,000千円にて取得し、S社を連結子会社としている。

〔資料Ⅱ〕X1年度のP社、S社の個別財務諸表（略式、単位：千円）

P社　　　　　　貸借対照表

諸　資　産	350,000	諸　負　債	50,000
子会社株式	50,000	資　本　金	200,000
		利益剰余金	150,000
	400,000		400,000

S社　　　　　　貸借対照表

諸　資　産	110,000	諸　負　債	60,000
		資　本　金	30,000
		利益剰余金	20,000
	110,000		110,000

連 結 貸 借 対 照 表

P社　　　　　　　　　　　X1年12月31日　　　　　　　　　（単位：千円）

諸　　資　　産	(　　　)	諸　　負　　債	(　　　)
		資　　本　　金	(　　　)
		利　益　剰　余　金	(　　　)
	(　　　)		(　　　)

| 問題9－2 | のれんの計上 | ⇒ 解答P.111 |

以下の〔資料〕を参照して、X1年度（X1年12月31日を決算日とする1年間）におけるP社の連結貸借対照表を作成しなさい。なお、P社、S社の会計期間及びP社の連結会計期間は毎期1月1日から12月31日までの1年間である。

〔資料Ⅰ〕

　　P社はX1年度末において、S社株式の100％を55,000千円にて取得し、S社を連結子会社としている。

〔資料Ⅱ〕X1年度のP社、S社の個別財務諸表（略式、単位：千円）

P社	貸借対照表			S社	貸借対照表		
諸　資　産	345,000	諸　負　債	50,000	諸　資　産	110,000	諸　負　債	60,000
子会社株式	55,000	資　本　金	200,000			資　本　金	30,000
		利益剰余金	150,000			利益剰余金	20,000
	400,000		400,000		110,000		110,000

連　結　貸　借　対　照　表

P社		X1年12月31日		（単位：千円）
諸　資　産	（　　　）	諸　負　債	（　　　）
の　れ　ん	（　　　）	資　本　金	（　　　）
		利　益　剰　余　金	（　　　）
	（　　　）		（　　　）

問題 9 - 3 　非支配株主持分　　　　　　　　　　　　　　　⇒ 解答 P.111

　以下の〔**資料**〕を参照して、X1年度（X1年12月31日を決算日とする 1 年間）における P 社の連結貸借対照表を作成しなさい。なお、P 社、S 社の会計期間及び P 社の連結会計期間は毎期 1 月 1 日から12月31日までの 1 年間である。

〔**資料 I**〕

　　P 社は X1年度末において、S 社株式の80％を42,000千円にて取得し、S 社を連結子会社としている。

〔**資料 II**〕X1年度の P 社、S 社の個別財務諸表（略式、単位：千円）

P 社	貸借対照表		
諸　資　産	358,000	諸　負　債	50,000
子会社株式	42,000	資　本　金	200,000
		利益剰余金	150,000
	400,000		400,000

S 社	貸借対照表		
諸　資　産	110,000	諸　負　債	60,000
		資　本　金	30,000
		利益剰余金	20,000
	110,000		110,000

連 結 貸 借 対 照 表

P 社　　　　　　　　　　　　　　X1年12月31日　　　　　　　　　（単位：千円）

諸　　資　　産	（　　　　　）	諸　　負　　債	（　　　　　）
の　　れ　　ん	（　　　　　）	資　　本　　金	（　　　　　）
		利　益　剰　余　金	（　　　　　）
		非 支 配 株 主 持 分	（　　　　　）
	（　　　　　）		（　　　　　）

問題9−4　資産・負債の時価評価　　　　　　　　　　　⇒ 解答P.112

　X1年12月31日、P社はS社の議決権株式の80％を88,800千円で取得し、S社を連結子会社とした。同日におけるP社及びS社の個別貸借対照表は以下のとおりである。なお、同日におけるP社及びS社の土地の公正な評価額はそれぞれ30,000千円、35,000千円である。
　よって、X1年12月31日の連結貸借対照表を作成しなさい。

P社　　　　　　　　　　　　貸 借 対 照 表　　　　　　　（単位：千円）

諸　　資　　産	191,200	諸　　負　　債	130,000
土　　　　　地	20,000	資　　本　　金	150,000
S　社　株　式	88,800	利　益　剰　余　金	20,000
	300,000		300,000

S社　　　　　　　　　　　　貸 借 対 照 表　　　　　　　（単位：千円）

諸　　資　　産	185,000	諸　　負　　債	110,000
土　　　　　地	15,000	資　　本　　金	80,000
		利　益　剰　余　金	10,000
	200,000		200,000

連 結 貸 借 対 照 表

P社　　　　　　　　　　　　X1年12月31日　　　　　　　（単位：千円）

諸　　資　　産	(　　　　　)	諸　　負　　債	(　　　　　)
土　　　　　地	(　　　　　)	資　　本　　金	(　　　　　)
の　　れ　　ん	(　　　　　)	利　益　剰　余　金	(　　　　　)
		非 支 配 株 主 持 分	(　　　　　)
	(　　　　　)		(　　　　　)

第10章　企業結合会計

| 問題10－1 | 事業譲受 | ⇒ 解答P.113 |

次の取引の仕訳を行いなさい。

(1) A社は、次のような財政状態にあるB社を3,600,000円で買収し、買収代金は小切手を振り出して支払った。

なお、B社の諸資産の時価は5,500,000円、諸負債の時価は2,000,000円である。

B社	貸 借 対 照 表		（単位：円）
諸　　資　　産	5,000,000	諸　　負　　債	2,000,000
		資　　本　　金	3,000,000
	5,000,000		5,000,000

----

(2) 決算にあたり、20年間の毎期均等額でのれん償却を行った。

⇒ 解答P.113

| 問題10－2 | 吸収合併 |

次の取引の仕訳を行いなさい。

　A社は、次のような財政状態にあるB社を吸収合併し、1株当たり60,000円の株式150株を交付した。なお、1株につき50,000円を資本金とし、残額は資本準備金とする。

　また、B社の諸資産の時価は12,800,000円、諸負債の時価は4,000,000円である。

B社		貸借対照表			（単位：円）
諸　　資　　産	12,000,000	諸　　負　　債			4,000,000
		資　　本　　金			8,000,000
	12,000,000				12,000,000

第11章　キャッシュ・フロー会計

問題11－1　投資活動・財務活動によるキャッシュ・フロー(1)　　　⇒ 解答P.115

　以下の資料に基づいて、答案用紙に示すキャッシュ・フロー計算書を作成しなさい。なお、マイナスとなる項目については、金額の前に△を付すこと。

〔資料Ⅰ〕貸借対照表

貸借対照表（一部）　　　　　　　　　（単位：千円）

借　方	前期末	当期末	貸　方	前期末	当期末
現 金 預 金	122,500	221,250	減価償却累計額	75,000	109,375
備　　　　品	300,000	400,000	資 本 金	500,000	600,000
			資 本 準 備 金	50,000	150,000

　　貸借対照表における現金預金のみがキャッシュ・フロー計算書における現金及び現金同等物に該当する。

〔資料Ⅱ〕損益計算書

損益計算書（一部）　　　　　　　　　（単位：千円）

借　方	金　額	貸　方	金　額
減 価 償 却 費	50,000		
備 品 売 却 損	5,625		

〔資料Ⅲ〕期中取引

1．備品

⑴　期中に備品を取得しており、代金は現金で支払っている。当該備品について、当期は10カ月間事業の用に供している。

⑵　期中に備品のうち一部を売却しており、代金は現金で受け取っている。当該備品の取得原価は50,000千円、期首までの使用年数は2年である。

⑶　すべての備品について、減価償却方法は定額法、耐用年数は8年、残存価額ゼロとして、減価償却費を計算する。

2．増資

　　期中に増資を行っており、払込金は当座預金としている。その際に、会社法規定の最低限度額を資本金に組み入れている。

（単位：千円）

営業活動によるキャッシュ・フロー	
営業収入	1,500,000
原材料及び商品の仕入れによる支出	△1,100,000
人件費の支出	△280,000
その他の営業支出	△100,000
営業活動によるキャッシュ・フロー	20,000
投資活動によるキャッシュ・フロー	
有形固定資産の取得による支出	(　　　　　)
有形固定資産の売却による収入	(　　　　　)
投資活動によるキャッシュ・フロー	(　　　　　)
財務活動によるキャッシュ・フロー	
株式の発行による収入	(　　　　　)
財務活動によるキャッシュ・フロー	(　　　　　)
現金及び現金同等物の増減額	(　　　　　)
現金及び現金同等物の期首残高	(　　　　　)
現金及び現金同等物の期末残高	(　　　　　)

問題11-2　投資活動・財務活動によるキャッシュ・フロー(2)　　⇒ 解答P.117

　以下の資料に基づいて、答案用紙に示すキャッシュ・フロー計算書を作成しなさい。なお、マイナスとなる項目については、金額の前に△を付すこと。

〔資料Ⅰ〕貸借対照表

貸借対照表（一部）　　　　　　（単位：千円）

借　　方	前期末	当期末	貸　　方	前期末	当期末
現 金 預 金	325,000	314,000	その他資本剰余金	20,000	24,000
ソフトウェア	―	27,000	利 益 準 備 金	40,000	43,000
			繰越利益剰余金	338,000	372,000
			自 己 株 式	△40,000	△65,000

　貸借対照表における現金預金のみがキャッシュ・フロー計算書における現金及び現金同等物に該当する。

〔資料Ⅱ〕損益計算書

損益計算書（一部）　　　　　　（単位：千円）

借　　方	金　　額	貸　　方	金　　額
ソフトウェア償却費	3,000		
当 期 純 利 益	67,000		

〔資料Ⅲ〕期中取引

1．自社利用のソフトウェア

　　当期中に自社で利用する目的でソフトウェアを購入し、代金は現金で支払っている。

2．自己株式

⑴　当期に自己株式を取得し、代金は現金で支払っている。

⑵　当期に帳簿価額20,000千円の自己株式を処分し、払込金は当座預金としている。

3．剰余金の配当

　　期中に繰越利益剰余金を原資とした剰余金の配当を行っている。その際に、配当金の10％の金額を利益準備金として積み立てている。

（単位：千円）

営業活動によるキャッシュ・フロー	
営業収入	2,200,000
原材料及び商品の仕入れによる支出	△1,600,000
人件費の支出	△350,000
その他の営業支出	△180,000
営業活動によるキャッシュ・フロー	70,000
投資活動によるキャッシュ・フロー	
無形固定資産の取得による支出	（　　　　　）
投資活動によるキャッシュ・フロー	（　　　　　）
財務活動によるキャッシュ・フロー	
自己株式の処分による収入	（　　　　　）
自己株式の取得による支出	（　　　　　）
配当金の支払額	（　　　　　）
財務活動によるキャッシュ・フロー	（　　　　　）
現金及び現金同等物の増減額	（　　　　　）
現金及び現金同等物の期首残高	（　　　　　）
現金及び現金同等物の期末残高	（　　　　　）

問題11－3　直接法(1)　　　　　　　　　　　　　　　⇒ 解答P.119

　以下の資料に基づいて、答案用紙に示すキャッシュ・フロー計算書（営業活動の区分の小計）を作成しなさい。なお、マイナスとなる項目については、金額の前に△を付すこと。

〔資料Ⅰ〕貸借対照表

貸借対照表（一部）　　　　　　　　（単位：千円）

借　方	前期末	当期末	貸　方	前期末	当期末
売　上　債　権	220,000	270,000	仕　入　債　務	160,000	221,000
棚　卸　資　産	140,000	137,000	未　払　給　料	5,500	5,200
前　払　営　業　費	20,000	16,500			

〔資料Ⅱ〕損益計算書

損益計算書（一部）　　　　　　　　（単位：千円）

借　方	金　額	貸　方	金　額
売　上　原　価	980,000	売　上　高	1,450,000
給　　　　　料	255,000		
営　　業　　費	174,000		

（単位：千円）

営業活動によるキャッシュ・フロー		
営業収入	（	）
原材料及び商品の仕入れによる支出	（	）
人件費の支出	（	）
その他の営業支出	（	）
小計	（	）

問題11-4　直接法(2)　　　　　　　　　　　　　　　　　⇒ 解答P.120

　以下の資料に基づいて、答案用紙に示すキャッシュ・フロー計算書（営業活動の区分の小計）を作成しなさい。なお、マイナスとなる項目については、金額の前に△を付すこと。

〔**資料Ⅰ**〕貸借対照表

貸借対照表（一部）　　　　　　　　（単位：千円）

借　　方	前期末	当期末	貸　　方	前期末	当期末
売　上　債　権	420,000	510,000	仕　入　債　務	270,000	310,000
商　　　　　品	305,000	298,000	貸　倒　引　当　金	12,600	15,300

〔**資料Ⅱ**〕損益計算書

損益計算書（一部）　　　　　　　　（単位：千円）

借　　方	金　　額	貸　　方	金　　額
売　上　原　価	3,200,000	売　　上　　高	5,000,000
給　　　　料	545,000		
営　　業　　費	432,000		
貸　倒　損　失	32,000		
貸倒引当金繰入	11,300		
棚　卸　減　耗　費	2,000		

（単位：千円）

営業活動によるキャッシュ・フロー	
営業収入	（　　　　　　）
原材料及び商品の仕入れによる支出	（　　　　　　）
人件費の支出	（　　　　　　）
その他の営業支出	（　　　　　　）
小計	（　　　　　　）

【問題11－5】　間接法　　　　　　　　　　　　　⇒ 解答P.121

　以下の資料に基づいて、答案用紙に示すキャッシュ・フロー計算書（営業活動の区分の小計）を作成しなさい。なお、マイナスとなる項目については、金額の前に△を付すこと。

〔資料Ⅰ〕貸借対照表

貸借対照表（一部）　　　　　　　　（単位：千円）

借　方	前期末	当期末	貸　方	前期末	当期末
売 上 債 権	220,000	270,000	仕 入 債 務	160,000	221,000
棚 卸 資 産	140,000	137,000	未 払 給 料	5,500	5,200
前 払 営 業 費	20,000	16,500			

〔資料Ⅱ〕損益計算書

損益計算書　　　　　　　　　　（単位：千円）

借　方	金　額	貸　方	金　額
売 上 原 価	980,000	売 上 高	1,450,000
給　　料	255,000		
営 業 費	174,000		
当 期 純 利 益	41,000		
合　計	1,450,000	合　計	1,450,000

（単位：千円）

営業活動によるキャッシュ・フロー	
税引前当期純利益	（　　　　　）
売上債権の増減額	（　　　　　）
棚卸資産の増減額	（　　　　　）
仕入債務の増減額	（　　　　　）
前払費用の増減額	（　　　　　）
未払費用の増減額	（　　　　　）
小計	（　　　　　）

第12章　集落営農組織等の任意組合の会計

問題12-1　　任意組合の会計に関する基本問題　　　　　　　　　　　⇒ 解答 P.122

　A任意組合（組合員は鈴木氏、佐藤氏、田中氏の３名）に関する以下の一連の取引の仕訳を、⑴A任意組合、⑵組合員の鈴木氏、⑶組合員の佐藤氏、⑷組合員の田中氏のそれぞれについて、答案用紙の形式に従って示しなさい。ただし、仕訳不要な場合は「仕訳なし」と記入しなさい。なお、便宜上、税金については考慮しなくてよい。

1．集落営農組織であるA任意組合の設立にあたり、経営参加面積に応じた出資金が以下のとおり払い込まれ、A任意組合の普通預金口座に入金された。

　　　組合員の鈴木氏：4,500,000円

　　　組合員の佐藤氏：3,000,000円

　　　組合員の田中氏：1,500,000円

2．A任意組合において、水稲の種もみ900,000円を購入し、代金は掛とした。

3．A任意組合において、農業機械のオペレーターとして従事している組合員の鈴木氏と組合員の佐藤氏に対して、以下のとおり賃金を普通預金口座から支払った。なお、組合員の田中氏は農業機械のオペレーターとして従事していない。

　　　組合員の鈴木氏：　300,000円

　　　組合員の佐藤氏：　150,000円

4．A任意組合において、農産物（米）の販売代金4,950,000円を受領し、普通預金口座に入金した。

5．A任意組合において決算を行い、損益勘定にて把握された当期純利益3,600,000円を繰越利益剰余金勘定に振り替えた。なお、便宜上、収益は上記４.農産物（米）の販売代金4,950,000円のみ、費用は上記２.種もみの購入代金900,000円と３.賃金450,000円のみとし、さらに、各種在庫も一切なかったものとし、製造原価＝売上原価として、製造原価報告書の作成も省略するものとする。

6．5.で把握された繰越利益剰余金について、その全額を出資割合に応じて損益分配した。なお、便宜上、内部留保は不要とする。

7．6.の分配金について、A任意組合の総会において、その４分の１を出資することが決議され、残り４分の３を普通預金口座から支払った。

（単位：円）

1．出資金の払込み

　⑴　A任意組合

　⑵　組合員の鈴木氏

　⑶　組合員の佐藤氏

　⑷　組合員の田中氏

2．種もみの購入

　⑴　A任意組合

3．賃金の支払い

　⑴　A任意組合

　⑵　組合員の鈴木氏

　⑶　組合員の佐藤氏

　⑷　組合員の田中氏

4．農産物（米）の販売

　⑴　A任意組合

5．当期純利益の認識
　(1)　A任意組合

6．損益分配
　(1)　A任意組合

----

　(2)　組合員の鈴木氏

----

　(3)　組合員の佐藤氏

----

　(4)　組合員の田中氏

7．分配金の処理
　(1)　A任意組合

----

　(2)　組合員の鈴木氏

----

　(3)　組合員の佐藤氏

----

(4)　組合員の田中氏

【問題12－2】　任意組合の会計に関する総合問題　　　　　⇒ 解答P.124

　B任意組合（組合員は10名）に関する以下の一連の取引について、⑴B任意組合における仕訳を示すとともに、⑵第1年度の財務諸表（貸借対照表と損益計算書、以下同じ）、⑶第2年度の財務諸表を、それぞれ示しなさい。なお、便宜上、税金については考慮しなくてよい。

〈第1年度〉

　　1．集落営農組織であるB任意組合の設立にあたり、経営参加面積に応じた出資金合計20,000,000円が、B任意組合の普通預金口座に入金された。

　　2．JAから30,000,000円の借入れを行い、B任意組合の普通預金口座に入金された。

　　3．機械装置27,000,000円を購入し、代金はB任意組合の普通預金口座から支払った。

　　4．種代675,000円及び肥料代1,350,000円につき、B任意組合の普通預金口座から支払った。

　　5．期末仕掛品棚卸高（未収穫農産物）2,025,000円を計上した。なお、会計処理は総額法によること。

〈第2年度〉

　　6．農産物の販売代金合計54,000,000円を受け取り、B任意組合の普通預金口座に入金した。これに関する売上計上額の内訳は、水稲売上高48,600,000円、小麦売上高5,400,000円であった（受取り時に売上計上する方式によっている）。

　　7．肥料代1,350,000円、農薬費2,025,000円及び諸材料費16,200,000円につき、B任意組合の普通預金口座から支払った。

　　8．JAからの借入金の一部4,500,000円を返済した（B任意組合の普通預金口座から支払い）。

　　9．農業機械のオペレーターとして従事している組合員全員に対して、賃金18,900,000円を普通預金口座から支払った。

　　10．期末仕掛品棚卸高（未収穫農産物）2,160,000円を計上した。

　　11．機械装置の減価償却費5,400,000円を計上した（直接法）。

（単位：円）

(1)　仕訳

〈第1年度〉

1．出資金の払込み

- -

2．JAからの借入れ

- -

3．機械装置の購入

- -

4．種代及び肥料代の支払い

- -

- -

5．期末仕掛品棚卸高

- -

〈第2年度〉

6．農産物の販売

- -

- -

7．肥料代、農薬費及び諸材料費の支払い

- -

- -

- -

8．JAからの借入金の一部返済

- -

9．賃金支払い

- -

10．期末仕掛品棚卸高

11．機械装置の減価償却費

----

(2) 第1年度の財務諸表（貸借対照表と損益計算書）

（単位：円）

〈第1年度末〉　　　　　　貸 借 対 照 表

資　　　　　産	金　　額	負 債 ・ 純 資 産	金　　額
普 通 預 金		短 期 借 入 金	
仕 掛 品		資 本 金	
機 械 装 置			
計		計	

〈第1年度〉　　　　　　　損 益 計 算 書

費　　　　　用	金　　額	収　　　　　益	金　　額
種 苗 費		期末仕掛品棚卸高	
肥 料 費			
計		計	

(3)　第２年度の財務諸表（貸借対照表と損益計算書）

（単位：円）

〈第２年度末〉　　　　　　貸 借 対 照 表

資　　　　　産	金　　額	負 債 ・ 純 資 産	金　　額
普 通 預 金		短 期 借 入 金	
仕 掛 品		資 本 金	
機 械 装 置		繰 越 利 益 剰 余 金	
計		計	

〈第２年度〉　　　　　　損 益 計 算 書

費　　　　　用	金　　額	収　　　　　益	金　　額
肥 料 費		水 稲 売 上 高	
農 薬 費		小 麦 売 上 高	
諸 材 料 費		期末仕掛品棚卸高	
賃 金 手 当			
減 価 償 却 費			
期首仕掛品棚卸高			
当 期 純 利 益			
計		計	

解 答 編

第1章　総論（会計学の基礎）

問題1－1　財務諸表の体系

1	2	3	4	5
イ	ア	エ	カ	ウ

問題1－2　会計公準

1	2	3
企 業 実 体	継 続 企 業	貨 幣 的 評 価

問題1－3　一般原則(1)

問1

1	2	3	4
経 営 成 績	真　　　実	取　　　引	会 計 帳 簿

5	6
資 本 剰 余 金	利 益 剰 余 金

問2

1	2	3	4
イ	ア	エ	ウ

問題1－4　一般原則(2)

問1

1	2	3	4
財 務 諸 表	明　　　瞭	継　　　続	不 利 な 影 響

5	6	7	8
健　　　全	株 主 総 会	財 務 諸 表	会 計 記 録

問 2

1	2	3	4	5	6	7	8
イ	ウ	ア	エ	ク	オ	カ	キ

問題 1 － 5 　注記事項

1	2	3	4	5	6
オ	エ	ア	カ	イ	ウ

問題 1 － 6 　重要性の原則(1)

1	2	3	4
ウ	イ	ア	エ

問題 1 － 7 　重要性の原則(2)

	正誤	理　　　　　由
問 1	×	重要性の判断は質的側面、量的側面の二面から行われる。
問 2	○	

第2章　財務諸表

問題2－1　貸借対照表の基礎知識(1)

1	2	3	4
ウ	ア	エ	イ

問題2－2　貸借対照表の基礎知識(2)

1	2	3	4	5	6
ア	ウ	イ	オ	カ	エ

問題2－3　貸借対照表の基礎知識(3)

1	2	3	4
主目的たる営業取引	流　動　資　産	流　動　負　債	主目的以外の取引
5	**6**	**7**	**8**
貸借対照表日の翌日	投資その他の資産	固　定　負　債	た　な　卸　資　産
9	**10**	**11**	
固　定　資　産	残存耐用年数	総　　　　額	

問題2－4　損益計算書の基礎知識(1)

1	2	3	4	5	6	7	8
カ	オ	エ	ア	キ	ウ	ク	イ

問題2－5　損益計算書の基礎知識(2)

1	2	3	4
イ	エ	ウ	ア

問題 2 － 6　株主資本等変動計算書(1)

〔解答〕

株主資本等変動計算書（単位：千円）

	資本金	資本剰余金			利益剰余金			純資産合計
		資本準備金	その他資本剰余金	資本剰余金合計	利益準備金	繰越利益剰余金	利益剰余金合計	
当期首残高	1,600,000	100,000	50,000	150,000	200,000	120,000	320,000	2,070,000
当期変動額								
新株の発行	100,000	100,000		100,000				200,000
資本準備金の取崩		△20,000	20,000	—				—
剰余金の配当		2,000	△22,000	△20,000	7,000	△77,000	△70,000	△90,000
当期純利益						80,000	80,000	80,000
利益準備金の取崩					△50,000	50,000	—	—
当期変動額合計	100,000	82,000	△2,000	80,000	△43,000	53,000	10,000	190,000
当期末残高	1,700,000	182,000	48,000	230,000	157,000	173,000	330,000	2,260,000

〔解説〕（単位：千円）

１．期中仕訳

（1）剰余金の配当

（その他資本剰余金） 剰余金の配当	22,000※3	（未 払 配 当 金）	90,000
（繰越利益剰余金） 剰余金の配当	77,000※4	（資 本 準 備 金） 剰余金の配当	2,000※1
		（利 益 準 備 金） 剰余金の配当	7,000※2

※1 ①　90,000× 1 /10＝9,000

②　1,600,000× 1 / 4 －(100,000＋200,000)＝100,000

③　①＜②より9,000（準備金積立額）

9,000×20,000/90,000＝2,000

※2　9,000×70,000/90,000＝7,000

※3　20,000＋2,000＝22,000

※4　70,000＋7,000＝77,000

(2)　計数の変動

（資　本　準　備　金） <small>資本準備金の取崩</small>	20,000	（その他資本剰余金） <small>資本準備金の取崩</small>	20,000
（利　益　準　備　金） <small>利益準備金の取崩</small>	50,000	（繰越利益剰余金） <small>利益準備金の取崩</small>	50,000

(3)　新株の発行

（現　金　預　金）	200,000	（資　　本　　金） <small>新株の発行</small>	100,000※
		（資　本　準　備　金） <small>新株の発行</small>	100,000※

　　　※　200,000 × 1 / 2 = 100,000

２．資本振替仕訳

（損　　　　　　益）	80,000	（繰越利益剰余金） <small>当期純利益</small>	80,000

問題２－７　株主資本等変動計算書(2)

〔解答〕

株主資本等変動計算書（単位：千円）

	資本金	資本剰余金		利益剰余金			自己株式	純資産合計
		資本準備金	その他資本剰余金	利益準備金	その他利益剰余金			
					任意積立金	繰越利益剰余金		
当期首残高	350,000	20,000	10,000	80,000	－	50,000	－	510,000
当期変動額								
剰余金の配当						△10,000		△10,000
任意積立金の積立					15,000	△15,000		－
当期純利益						20,000		20,000
自己株式の取得							△2,000	△2,000
自己株式の消却			△1,000				1,000	－
当期変動額合計	－	－	△1,000	－	15,000	△5,000	△1,000	8,000
当期末残高	350,000	20,000	9,000	80,000	15,000	45,000	△1,000	518,000

〔**解説**〕（単位：千円）

1．期中仕訳

(1)　剰余金の配当

（繰越利益剰余金）　　10,000　　　（未　払　配　当　金）　　10,000
　　剰余金の配当

※①　10,000×1/10＝1,000

　②　350,000×1/4－(20,000＋80,000)＝－12,500

　∴準備金の額が基準資本金額を上回っているため、準備金の積立てを要しない。

(2)　任意積立金の積立

（繰越利益剰余金）　　15,000　　　（任　意　積　立　金）　　15,000
　　任意積立金の積立　　　　　　　　　　　　任意積立金の積立

(3)　自己株式の取得

（自　己　株　式）　　2,000　　　（現　金　預　金）　　2,050※
　　自己株式の取得

（支　払　手　数　料）　　50

※　借方合計

(4)　自己株式の消却

（その他資本剰余金）　　1,000　　　（自　己　株　式）　　1,000
　　自己株式の消却　　　　　　　　　　　　自己株式の消却

2．資本振替仕訳

（損　　　　　益）　　20,000　　　（繰越利益剰余金）　　20,000
　　　　　　　　　　　　　　　　　　当期純利益

問題 2 － 8　剰余金処分案

〔解答〕

剰 余 金 処 分 案

X6年 2 月25日　　　　　　　　　　　（単位：円）

Ⅰ	当期未処分剰余金			
	当期剰余金	（　12,000,000）		
	前期繰越剰余金	（　　　　　0）		
				（　12,000,000）
Ⅱ	剰余金処分額			
	利益準備金	（　1,200,000）		
	任意積立金			
	農業経営基盤強化準備金	（　2,400,000）		
			（　2,400,000）	
	配当金			
	利用分量配当金	（　600,000）		
	従事分量配当金	（　5,400,000）		
	出資配当金	（　720,000）	（　6,720,000）	（　10,320,000）
Ⅲ	次期繰越剰余金			（　1,680,000）

第 3 章　損益会計論

問題 3 - 1　現金主義会計と発生主義会計(1)

問 1

1	2	3	4	5
ア	ウ	イ	オ	エ

問 2

1	2	3	4	5	6	7
ア	イ	エ	ク	ケ	コ	セ

8	9	10	11	12	13	14
タ	ツ	カ	シ	ソ	チ	ト

問題 3 - 2　現金主義会計と発生主義会計(2)

1	2	3	4	5	6	7	8
イ	シ	ス	ケ	ソ	セ	コ	テ

第4章　資産会計論

問題4－1　　資産の評価原則(1)

1	2	3	4
イ	エ	ア	ウ

問題4－2　　資産の評価原則(2)

1	2	3	4
ウ	イ	ア	エ

第５章　農業における収益取引の処理

問題５－１　収益の計上基準(1)

〔解答〕

① 収穫基準　　X1年　3月　25日

② 検収基準　　X1年　3月　29日

問題５－２　収益の計上基準(2)

問1

1	2	3
イ	ウ	ア

問2

1	2
イ	ア

第6章　諸取引の処理

問題6－1　減価償却(1)

〔解答〕

		決算整理後残高試算表		（単位：円）
建　　　　物　（	1,250,000)	減 価 償 却 累 計 額　（		308,125)
備　　　　品　（	300,000)			
減 価 償 却 費　（	127,775)			

〔解説〕（単位：円）

1．建物

（減 価 償 却 費）　　37,500　　（減 価 償 却 累 計 額）　　37,500

※　$1,250,000 \times 0.9 \div 30年 = 37,500$

2．備品

（減 価 償 却 費）　　90,275　　（減 価 償 却 累 計 額）　　90,275

※　$300,000 \times 0.369 \times \dfrac{6カ月}{12カ月} = 55,350$

$(300,000 - 55,350) \times 0.369 \div 90,275$（切捨て）

問題6－2　減価償却(2)

〔解答〕

		決算整理後残高試算表		（単位：円）
備　　　　品	200,000	備品減価償却累計額　（		30,900)
機　　　　械	400,000	機械減価償却累計額　（		150,000)
車　　　　両	1,200,000	車両減価償却累計額　（		291,600)
減 価 償 却 費　（	219,700)			

〔**解説**〕（単位：円）

１．備品について

$200,000 \times 0.206 \times 9$ カ月/12カ月 $= 30,900$ （月割計算）

２．機械について

$400,000 \times 0.9 \times 7$ マス/36マス $= 70,000$

X4年度	X5年度	X6年度	X7年度	X8年度	X9年度	X10年度	X11年度

当　期

$8 \times (8 + 1) \div 2 = 36$ マス

8マス　7マス　6マス　5マス　4マス　3マス　2マス　1マス

３．車両について

① 決算整理前残高試算表の車両減価償却累計額

$1,200,000 \times 0.9 \times (6,500\text{km} + 9,500\text{km})/100,000\text{km} = 172,800$

② 当期の減価償却費

$1,200,000 \times 0.9 \times 11,000\text{km}/100,000\text{km} = 118,800$

③ 決算整理後残高試算表の車両減価償却累計額

① ＋ ② $= 291,600$

４．減価償却費

$30,900 + 70,000 + 118,800 = 219,700$

問題６－３	減価償却(3)

〔**解答**〕

（単位：円）

① X21年度の減価償却費	② X23年度の減価償却費	③ X26年度の減価償却費
1,249,500	516,604	192,350

〔**解説**〕（単位：円）

減価償却スケジュール

会計年度	期首簿価	償却額	保証額＊1	期末簿価
X21年度	3,500,000	1,249,500＊2	192,360	2,250,500
X22年度	2,250,500	803,429＊2	192,360	1,447,071
X23年度	1,447,071	516,604＊2	192,360	930,467
X24年度	930,467	332,177＊2	192,360	598,290
X25年度	598,290	213,590＊2	192,360	384,700
X26年度	384,700	192,350＊3	192,360	192,350
X27年度	192,350	192,349＊4	192,360	1

＊1　取得原価×保証率(0.05496)

＊2　期首簿価×償却率(0.357)

＊3　384,700×改定償却率(0.500)

＊4　192,350 − 1 ＝192,349

　　　償却率0.357で計算した償却額と保証額を比較して、償却額の方が小さくなる場合には、改定償却率を用いてそれ以後の減価償却費を計算する。

　問題6－4　　売買目的有価証券⑴

〔**解答**〕

貸 借 対 照 表

会社名省略　　　　　　　　X2年3月31日　　　　　　　（単位：千円）

有　価　証　券　（　　　　　190,000)

損 益 計 算 書

会社名省略　　　　自X1年4月1日　至X2年3月31日　　　（単位：千円）

　　　　　　　　　　　　　　有 価 証 券 評 価 益　（　　　　20,000)

〔**解説**〕（単位：千円）

1．A社株式

　　（有　価　証　券）　　　5,000　　（有価証券評価損益）　　　5,000

　　※　65,000 − 60,000 ＝5,000

2．B社株式

　　（有　価　証　券）　　　15,000　　（有価証券評価損益）　　　15,000

　　※　125,000 − 110,000 ＝15,000

問題6－5　売買目的有価証券(2)

〔解答〕

決算整理後残高試算表　　　　　（単位：千円）

| 有　価　証　券　（ | 24,200） | 有価証券評価損益　（ | 2,700） |

〔解説〕（単位：千円）

| （有　価　証　券） | 1,300 | （有価証券評価損益） | 1,300※1 |
| （有価証券評価損益） | 600※2 | （有　価　証　券） | 600 |

※1　A社株式　$\underset{\text{期末時価}}{16,300} - \underset{\text{取得原価}}{15,000} = 1,300$

※2　B社株式　$\underset{\text{期末時価}}{7,900} - \underset{\text{取得原価}}{8,500} = \triangle 600$

問題6－6　満期保有目的の債券(1)

〔解答〕

損　益　計　算　書

会社名省略　　　　　自X2年4月1日　至X3年3月31日　　　（単位：千円）

| | 有　価　証　券　利　息　（ | 12,000） |

貸　借　対　照　表

会社名省略　　　　　X3年3月31日　　　　　（単位：千円）

| 投　資　有　価　証　券　（ | 291,000） | |

〔解説〕（単位：千円）

1．決算整理前残高試算表の投資有価証券

(1)　X1年度償却額

$(\underset{\text{債券金額}}{300,000} - \underset{\text{取得価額}}{285,000}) \div \underset{\text{償却期間}}{5\,年} = 3,000$

(2)　決算整理前残高

$\underset{\text{取得価額}}{285,000} + \underset{\text{X1年度償却額}}{3,000} = 288,000$

2．未処理事項

| （現　　金　　預　　金） | 9,000 | （有　価　証　券　利　息） | 9,000 |

※　$\underset{\text{額面総額}}{300,000} \times \underset{\text{クーポン利子率}}{3\,\%} = 9,000$

３．決算整理

　　　（投 資 有 価 証 券）　　　3,000　　　　（有 価 証 券 利 息）　　　3,000

　　※　(300,000 − 285,000) ÷ 5 年 ＝3,000
　　　　　債券金額　　　取得価額　　　償却期間

　　　定額法を採用している場合には、償却原価法適用による投資有価証券の帳簿価額の修正
　　は、決算整理仕訳にて行う。

| 問題 6 − 7 | 満期保有目的の債券(2) |

〔解答〕

貸 借 対 照 表

会社名省略　　　　　　　　　　X22年 3 月31日　　　　　　　　　（単位：千円）

投 資 有 価 証 券　（　　　4,727,675）|

損 益 計 算 書

会社名省略　　　　　　自X21年 4 月 1 日　至X22年 3 月31日　　　（単位：千円）

　　　　　　　　　　　　　　　　　　　|　有 価 証 券 利 息　（　　　232,270）

〔解説〕（単位：千円）

１．決算整理前残高試算表の空欄の推定

　(1)　投 資 有 価 証 券　4,727,675：3.スケジュール表参照

　(2)　有 価 証 券 利 息　232,270：3.スケジュール表参照

２．期中仕訳

　　　（現 金 預 金）　　　150,000※1　　（有 価 証 券 利 息）　　　232,270※3

　　　（投 資 有 価 証 券）　　82,270※2

　　※1　5,000,000 × 3 ％ ＝150,000

　　※2　4,645,405 × 5 ％ － 150,000 ÷82,270
　　　　　期首簿価　　実質利子率　クーポン利子額

　　※3　借方合計

　　　なお、利息法における償却額の算定は利払時に行うため、決算整理仕訳は不要である。

３．スケジュール表

日　付	償却前簿価	有価証券利息＊1	入金額＊2	償却額＊3	償却後簿価＊4
X21.3末	4,567,052	228,353	150,000	78,353	4,645,405
X22.3末	4,645,405	232,270	150,000	82,270	4,727,675
X23.3末	4,727,675	236,384	150,000	86,384	4,814,059
X24.3末	4,814,059	240,703	150,000	90,703	4,904,762
X25.3末	4,904,762	245,238	150,000	95,238	5,000,000

＊1　償却前簿価×5％

＊2　5,000,000×3％

＊3　＊1－＊2

＊4　償却前簿価＋＊3

問題6－8　その他有価証券(1)

〔解答〕

貸　借　対　照　表

会社名省略　　　　　　　　X3年3月31日　　　　　　　　　（単位：千円）

投　資　有　価　証　券　（　　　70,200）｜（その他有価証券評価差額金）（　　　200）

〔解説〕（単位：千円）

　全部純資産直入法を採用しているので評価差額はすべて、その他有価証券評価差額金となる。

　X2年度　決算整理仕訳

　　A社株式（投　資　有　価　証　券）　1,000　（その他有価証券評価差額金）　1,000
　　※　（@82－@80）×500株＝1,000

　　B社株式（その他有価証券評価差額金）　800　（投　資　有　価　証　券）　800
　　※　（@73－@75）×400株＝△800

〔参考〕

　X1年度　決算整理仕訳

　　A社株式（その他有価証券評価差額金）　500　（投　資　有　価　証　券）　500
　　※　（@79－@80）×500株＝△500

　　B社株式（投　資　有　価　証　券）　400　（その他有価証券評価差額金）　400
　　※　（@76－@75）×400株＝400

X2年度　期首（再振替仕訳）

A社株式　（投 資 有 価 証 券）　　500　　（その他有価証券評価差額金）　　500

B社株式　（その他有価証券評価差額金）　　400　　（投 資 有 価 証 券）　　400

問題6－9　その他有価証券(2)

〔解答〕

決算整理後残高試算表		（単位：千円）
投 資 有 価 証 券 （　　390,000)	その他有価証券評価差額金　（　　40,000)	
（投資有価証券評価損）（　　30,000)		

〔解説〕（単位：千円）

　部分純資産直入法を採用しているので評価益はその他有価証券評価差額金、評価損は投資有価証券評価損となる。

1．X2年度　決算整理仕訳（洗替処理）

A社株式　（その他有価証券評価差額金）　20,000　　（投 資 有 価 証 券）　20,000
※　150,000－170,000＝△20,000

B社株式　（投 資 有 価 証 券）　50,000　　（投資有価証券評価損）　50,000
※　280,000－230,000＝50,000

2．X2年度　決算整理仕訳（期末時価評価）

A社株式　（投 資 有 価 証 券）　40,000　　（その他有価証券評価差額金）　40,000
※　190,000－150,000＝40,000

B社株式　（投資有価証券評価損）　80,000　　（投 資 有 価 証 券）　80,000
※　200,000－280,000＝△80,000

問題6－10　有価証券の減損処理

〔解答〕

決算整理後残高試算表		（単位：千円）
関 係 会 社 株 式 （　　70,000)		
関係会社株式評価損 （　　30,000)		

〔解説〕（単位：千円）

　決算整理仕訳

（関係会社株式評価損）　30,000　　（関 係 会 社 株 式）　30,000
※　(250,000－100,000)×20％－@75×800株＝△30,000
　　　乙社の純資産

問題6－11　外部出資

〔解答〕（単位：千円）

（外　部　出　資）　　5,000　　　（普　通　預　金）　　5,000

問題6－12　ファイナンス・リース取引の判定

〔解答〕

決算整理後残高試算表　　　　　（単位：千円）

リ　ー　ス　資　産（	200,000)	リ　ー　ス　債　務（	103,920)
減　価　償　却　費（	30,000)	減価償却累計額（	60,000)
支　払　リ　ー　ス　料（	173,231)		
支　払　利　息（	6,116)		

〔解説〕（単位：千円）

１．ファイナンス・リース取引の判定

（1）甲備品

① 　5年　＜　8年　×75%
　　リース期間　　耐用年数

② $173,231 \div 1.04 + 173,231 \div 1.04^2 + 173,231 \div 1.04^3 + 173,231 \div 1.04^4 + 173,231 \div 1.04^5$
　　　　　　　　　　　　　　リース料総額の割引現在価値

　$\doteqdot 771,194 < 900,000 \times 90\%$
　　　　　　　　現金購入価額

　∴ 2条件とも満たさないため、オペレーティング・リース取引に該当する。

（2）乙備品

① 　4年　＜　6年　×75%
　　リース期間　　耐用年数

② $55,098 \div 1.04 + 55,098 \div 1.04^2 + 55,098 \div 1.04^3 + 55,098 \div 1.04^4$
　　　　　　　　　　　　リース料総額の割引現在価値

　$\doteqdot 200,000 \geqq 220,000 \times 90\%$
　　　　　　　　現金購入価額

　∴ 2条件のうち、1つを満たすため、ファイナンス・リース取引に該当する。

２．当期の会計処理

（1）甲備品

リース料の支払い

（支　払　リ　ー　ス　料）　　173,231　　　（現　　　　　金）　　173,231

(2)　乙備品

①　リース料の支払い

| （リ　ー　ス　債　務） | 48,982 | （現　　　　　　　　金） | 55,098 |
| （支　払　利　息） | 6,116 | | |

②　減価償却

| （減　価　償　却　費） | 30,000 | （減 価 償 却 累 計 額） | 30,000 |

※　$200,000 \times 0.9 \times \dfrac{1 年}{6 年} = 30,000$

〔参考〕（単位：千円）

リース債務の返済スケジュール（乙備品）

リース料支払日	返済前リース債務残高	支払利息※ 1	リース債務返済額※ 2	返済後リース債務残高※ 3
X2年 3 月31日	200,000	8,000	47,098	152,902
X3年 3 月31日	152,902	6,116	48,982	103,920
X4年 3 月31日	103,920	4,157	50,941	52,979
X5年 3 月31日	52,979	2,119	52,979	―

※ 1　返済前リース債務残高× 4 ％

※ 2　リース料支払額(55,098) − 支払利息

※ 3　返済前リース債務残高 − リース債務返済額

問題 6 − 13　所有権移転ファイナンス・リース取引(1)

〔解答〕

決算整理後残高試算表　　　　　（単位：千円）

リ ー ス 資 産 （	150,000)	リ ー ス 債 務 （	121,747)
減 価 償 却 費 （	13,500)	減 価 償 却 累 計 額 （	13,500)
支 払 利 息 （	4,500)		

〔解説〕（単位：千円）

1．リース契約時の仕訳

| （リ　ー　ス　資　産） | 150,000 | （リ　ー　ス　債　務） | 150,000 |

※　所有権移転ファイナンス・リース取引においては貸手の購入価額が明らかな場合、当該購入価額がリース資産・債務の当初の計上額となる。

２．リース債務の返済スケジュール

返済日	期首元本	支払リース料	利息分※1	元本分※2	期末元本※3
X2.3.31	150,000	32,753	4,500	28,253	121,747
X3.3.31	121,747	32,753	3,652	29,101	92,646
X4.3.31	92,646	32,753	2,779	29,974	62,672
X5.3.31	62,672	32,753	1,880	30,873	31,799
X6.3.31	31,799	32,753	954	31,799	—
合　計	—	163,765	13,765	150,000	—

※1　期首元本×3％

※2　支払リース料−利息分

※3　期首元本−元本分

３．リース料支払時の仕訳

（リ　ー　ス　債　務）　28,253　（当　座　預　金）　32,753

（支　払　利　息）　4,500

４．減価償却費の計上

所有権移転ファイナンス・リース取引においては、通常の保有資産と同様（経済的使用可能予測期間、残存価額は取得原価の10％）に減価償却費を計算すればよい。よって、以下の仕訳が計上される。

（減　価　償　却　費）　13,500　（減　価　償　却　累　計　額）　13,500

※　150,000×0.9÷10年＝13,500

問題 6 −14　所有権移転ファイナンス・リース取引(2)

〔解答〕

決算整理後残高試算表　　　　（単位：千円）

リ　ー　ス　資　産	（800,000）	リ　ー　ス　債　務	（423,372）
減　価　償　却　費	（90,000）	減価償却累計額	（180,000）
支　払　利　息	（37,180）		

〔**解説**〕（単位：千円）

１．前T/Bの空欄推定

（1）リース資産・リース債務の当初計上額

　　所有権移転ファイナンス・リース取引において、貸手の購入価額が不明な場合、リース料総額の割引現在価値と借手の見積現金購入価額のいずれか低い額を当初計上額とする。なお、本問においては貸手の計算利子率を知り得ないので当社の追加借入利子率を用いることになる。

① リース料総額の割引現在価値

$231,000 \div 1.06024 + 231,000 \div 1.06024^2 + 231,000 \div 1.06024^3 + 231,000 \div 1.06024^4$
$\fallingdotseq 800,000$（千円未満四捨五入）

② 借手の見積現金購入価額　820,000

③ ①＜②　∴800,000

（2）空欄の推定

① リース資産　800,000

② リース債務　617,192　下記２．より

③ 減価償却累計額

$800,000 \times 0.9 \div 8 年 = 90,000$

２．リース債務の返済スケジュール

返済日	期首元本	支払リース料	利息分※1	元本分※2	期末元本※3
X2.3.31	800,000	231,000	48,192	182,808	617,192
X3.3.31	617,192	231,000	37,180	193,820	423,372
X4.3.31	423,372	231,000	25,504	205,496	217,876
X5.3.31	217,876	231,000	13,124	217,876	―
合　計	―	924,000	124,000	800,000	―

※1　期首元本×6.024%

※2　支払リース料－利息分

※3　期首元本－元本分

　　なお、端数は最終年で調整している。

３．リース料支払時の仕訳（期中仮払金処理の修正）

（リ ー ス 債 務）　193,820　　（仮 　 払 　 金）　231,000

（支 　 払 　 利 　 息）　 37,180

4．減価償却費の計上

　　所有権移転ファイナンス・リース取引においては、通常の保有資産と同様（経済的使用可能予測期間、残存価額は取得原価の10%）に減価償却費を計算すればよい。

　　（減 価 償 却 費）　　90,000　　　（減 価 償 却 累 計 額）　　90,000

　　※　800,000×0.9÷8年＝90,000

問題6－15　所有権移転外ファイナンス・リース取引

〔解答〕決算整理後残高試算表（X3年3月31日）

決算整理後残高試算表　　　　　　（単位：千円）

リ ー ス 資 産 （	155,000)	リ ー ス 債 務 （	95,734)
リ ー ス 資 産 （	155,000)	リ ー ス 債 務 （	95,734)
減 価 償 却 費 （	31,000)	減 価 償 却 累 計 額 （	62,000)
支 払 利 息 （	3,774)		

〔解説〕（単位：千円）

1．リース資産・リース債務の計上価額

　　所有権移転外ファイナンス・リース取引であるため、リース料総額の割引現在価値と、貸手の現金購入価額（不明の場合は借手の見積現金購入価額）を比較し、いずれか低い額をリース資産・リース債務とする。

　(1)　リース料総額の割引現在価値

　　$33,845÷1.03+33,845÷1.03^2+33,845÷1.03^3+33,845÷1.03^4+33,845÷1.03^5$

　　$≒155,000$

　(2)　当社の見積現金購入価額＝160,000

　　∴(1)<(2)より、リース資産及びリース債務の金額＝155,000

2．当期の会計処理

　(1)　リース料の支払い

　　（リ ー ス 債 務）　　30,071　　　（現　　　　　金）　　33,845

　　（支 払 利 息）　　3,774

　(2)　減価償却

　　（減 価 償 却 費）　　31,000※　　（減 価 償 却 累 計 額）　　31,000

　　※　$155,000×\dfrac{1年}{5年}=31,000$

　　　　所有権移転外ファイナンス・リース取引であるため、残存価額をゼロ、耐用年数をリース期間として減価償却を行う。

〔参考〕（単位：千円）

リース債務の返済スケジュール

リース料支払日	返済前リース債務残高	支払利息※1	リース債務返済額※2	返済後リース債務残高※3
X2年3月31日	155,000	4,650	29,195	125,805
X3年3月31日	125,805	3,774	30,071	95,734
X4年3月31日	95,734	2,872	30,973	64,761
X5年3月31日	64,761	1,943	31,902	32,859
X6年3月31日	32,859	986	32,859	―

※1　返済前リース債務残高×3％

※2　リース料支払額(33,845) － 支払利息

※3　返済前リース債務残高 － リース債務返済額

問題6－16	社債の発行

〔解答〕（単位：円）

(1)　（当　座　預　金）38,000,000　　　（社　　　　　　　債）38,000,000

　　　（社 債 発 行 費 等）　450,000　　　（当　座　預　金）　450,000

(2)　（当　座　預　金）28,200,000　　　（社　　　　　　　債）28,200,000

　　　（社 債 発 行 費 等）　300,000　　　（当　座　預　金）　300,000

〔解説〕

(1)　発行口数の計算

　　　　¥40,000,000 ÷ @¥100 ＝ 400,000口
　　　　　額面総額　　一口当たりの額面金額

　　　発行価額（収入額）の計算

　　　　@¥95×400,000口 ＝ ¥38,000,000

(2)　発行口数の計算

　　　　¥30,000,000 ÷ @¥100 ＝ 300,000口
　　　　　額面総額　　一口当たりの額面金額

　　　発行価額（収入額）の計算

　　　　@¥94×300,000口 ＝ ¥28,200,000

問題6－17　社債利息の支払い

〔**解答**〕（単位：円）

(1)　（社　債　利　息）　1,600,000　　（当　座　預　金）　1,600,000

(2)　（社　債　利　息）　900,000　　（当　座　預　金）　900,000

〔**解説**〕

(1)　社債利息の計算

$$¥40,000,000 × 8\% × \frac{6カ月}{12カ月} = ¥1,600,000$$

(2)　社債利息の計算

$$¥30,000,000 × 6\% × \frac{6カ月}{12カ月} = ¥900,000$$

問題6－18　賞与引当金(1)

〔**解答**〕（単位：円）

(1)　（賞 与 引 当 金 繰 入）　300,000　　（賞　与　引　当　金）　300,000

(2)　（賞　与　引　当　金）　300,000　　（現　　　　　金）　600,000

　　（従　業　員　賞　与）　300,000

〔**解説**〕（単位：円）

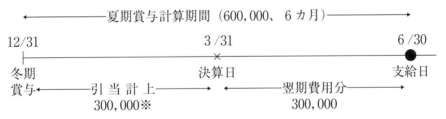

※　600,000 × 3カ月／6カ月＝300,000

問題6－19　賞与引当金(2)

〔**解答**〕（単位：千円）

(1)　（賞　与　引　当　金）　62,000　　（現　　　　　金）　93,000

　　（従　業　員　賞　与）　31,000

(2)　（従　業　員　賞　与）　96,000　　（現　　　　　金）　96,000

(3)　（賞 与 引 当 金 繰 入）　66,000　　（賞　与　引　当　金）　66,000

〔**解説**〕（単位：千円）

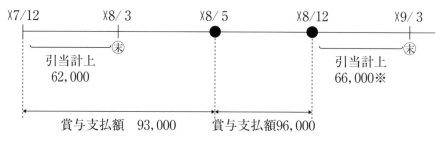

※　99,000×4カ月/6カ月＝66,000

問題6－20　修繕引当金

〔**解答**〕（単位：円）

(1)	（修 繕 引 当 金 繰 入）	500,000	（修 繕 引 当 金）	500,000
(2)	（修 繕 引 当 金）	500,000	（当 座 預 金）	600,000
	（修 　 繕 　 費）	100,000		

問題6－21　退職給付債務の計算

〔**解答**〕

X4年度末の乙氏に係る退職給付債務	5,292,000円
X4年度の乙氏に係る勤務費用	1,323,000円
X4年度の乙氏に係る利息費用	189,000円

〔**解説**〕（単位：円）

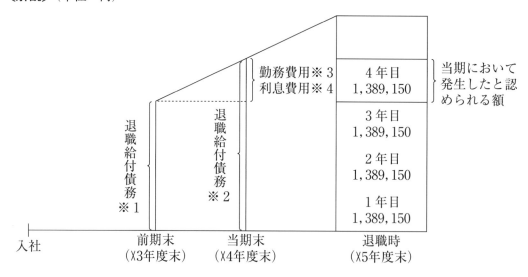

※1　$1,389,150 \times 3$ 年 $= 4,167,450$（前期末までに発生したと認められる額）

　　　$4,167,450 \div 1.05 \div 1.05 = 3,780,000$

※2　$1,389,150 \times 4$ 年 $= 5,556,600$（当期末までに発生したと認められる額）

　　　$5,556,600 \div 1.05 = 5,292,000$

※3　$1,389,150 \div 1.05 = 1,323,000$

※4　$3,780,000 \times 5\% = 189,000$

上記から、以下の関係が読み取れる。

当期末退職給付債務（5,292,000）

　　　　　＝前期末退職給付債務（3,780,000）＋勤務費用（1,323,000）＋利息費用（189,000）

問題6−22　退職一時金制度

〔解答〕（単位：千円）

（退 職 給 付 費 用）	8,500	（退 職 給 付 引 当 金）	5,500
		（現　金　預　金）	3,000

退職給付引当金　　　55,500千円　　　退職給付債務　　　55,500千円

〔解説〕（単位：千円）

（退 職 給 付 費 用） 勤務費用	6,500	（退 職 給 付 引 当 金） 退職給付債務	6,500
（退 職 給 付 費 用） 利息費用	2,000	（退 職 給 付 引 当 金） 退職給付債務	2,000

※　$50,000 \times 4\% = 2,000$

（退 職 給 付 引 当 金） 退職給付債務	3,000	（現　金　預　金）	3,000

退職給付債務

一時金支払い　　3,000	期首退職給付債務残高
	50,000
期末退職給付債務残高 55,500	勤務費用 6,500
	利息費用　　2,000

　　問題6−23　　確定給付企業年金制度

〔解答〕（単位：千円）

（退 職 給 付 費 用）	10,800	（退 職 給 付 引 当 金）	9,800
		（現 金 預 金）	1,000

退 職 給 付 引 当 金　　　　59,800千円

退 職 給 付 債 務　　　101,100千円　　　年 金 資 産　　　41,300千円

〔解説〕（単位：千円）

（退 職 給 付 費 用） 勤務費用	8,000	（退 職 給 付 引 当 金） 退職給付債務	8,000
（退 職 給 付 費 用） 利息費用	3,600	（退 職 給 付 引 当 金） 退職給付債務	3,600

※　90,000×4％＝3,600

（退 職 給 付 引 当 金） 年金資産	800	（退 職 給 付 費 用） 期待運用収益	800

※　40,000×2％＝800

（退 職 給 付 引 当 金） 退職給付債務	500	（退 職 給 付 引 当 金） 年金資産	500
（退 職 給 付 引 当 金） 年金資産	1,000	（現 金 預 金）	1,000

年金資産		
期首年金資産残高	支払額	500
40,000	期末年金資産残高	
期待運用収益　800		
拠出額	41,300	
1,000		

退職給付債務		
支払額　500	期首退職給付債務残高	
	90,000	
期末退職給付債務残高	勤務費用	
101,100	8,000	
	利息費用　3,600	

　　問題6−24　　会計上の変更及び誤謬の訂正

〔解答〕

① 　会計方針

② 　財務諸表の組替え

③ 　会計上の見積り

④ 　修正再表示

問題6－25	株式の発行

〔解答〕（単位：円）

(1)①　払込金額の全額を資本金とする場合

（当　座　預　金）1,200,000　　（資　　本　　金）1,200,000

②　会社法規定の最低限度額を資本金に組み入れる場合

（当　座　預　金）1,200,000　　（資　　本　　金）600,000

（資　本　準　備　金）600,000

(2)①　払込金額の全額を資本金とする場合

（当　座　預　金）700,000　　（資　　本　　金）700,000

②　会社法規定の最低限度額を資本金に組み入れる場合

（当　座　預　金）700,000　　（資　　本　　金）350,000

（資　本　準　備　金）350,000

〔解説〕（単位：円）

(1)②　会社法規定の最低限度額を資本金に組み入れる場合

（当　座　預　金）1,200,000　　（資　　本　　金）600,000※

（資　本　準　備　金）600,000※

※　@80,000×15株×1/2＝600,000

(2)②　会社法規定の最低限度額を資本金に組み入れる場合

（当　座　預　金）700,000　　（資　　本　　金）350,000※

（資　本　準　備　金）350,000※

※　@70,000×10株×1/2＝350,000

問題6－26	剰余金の配当(1)

〔解答〕（単位：千円）

（繰越利益剰余金）165,000　　（未　払　配　当　金）150,000

（利　益　準　備　金）15,000

〔解説〕（単位：千円）

（繰越利益剰余金）165,000※2　　（未　払　配　当　金）150,000

（利　益　準　備　金）15,000※1

※1①　150,000×1/10＝15,000

②　800,000×1/4－(20,000＋160,000)＝20,000

③　①＜②より15,000

※2　貸方合計

— 103 —

　　問題 6 －27　剰余金の配当(2)

〔**解答**〕（単位：千円）

（その他資本剰余金）	11,000	（未　払　配　当　金）	100,000
（繰越利益剰余金）	99,000	（資　本　準　備　金）	1,000
		（利　益　準　備　金）	9,000

〔**解説**〕（単位：千円）

（その他資本剰余金）	11,000※3	（未　払　配　当　金）	100,000
（繰越利益剰余金）	99,000※4	（資　本　準　備　金）	1,000※1
		（利　益　準　備　金）	9,000※2

　※ 1 ①　$100,000 \times 1/10 = 10,000$

　　　② 　$500,000 \times 1/4 - (40,000 + 70,000) = 15,000$

　　　③ 　①＜②より10,000（準備金積立額）

　　　　　$10,000 \times 10,000/100,000 = 1,000$

　※ 2 　$10,000 \times 90,000/100,000 = 9,000$

　※ 3 　$10,000 + 1,000 = 11,000$

　※ 4 　$90,000 + 9,000 = 99,000$

　　問題 6 －28　剰余金の配当(3)

〔**解答**〕（単位：千円）

（その他資本剰余金）	10,800	（未　払　配　当　金）	60,000
（繰越利益剰余金）	54,000	（資　本　準　備　金）	800
		（利　益　準　備　金）	4,000

〔**解説**〕（単位：千円）

（その他資本剰余金）	10,800※3	（未　払　配　当　金）	60,000
（繰越利益剰余金）	54,000※4	（資　本　準　備　金）	800※1
		（利　益　準　備　金）	4,000※2

　※ 1 ①　$60,000 \times 1/10 = 6,000$

　　　② 　$500,000 \times 1/4 - (50,200 + 70,000) = 4,800$

　　　③ 　①＞②より4,800（準備金積立額）

　　　　　$4,800 \times 10,000/60,000 = 800$

　※ 2 　$4,800 \times 50,000/60,000 = 4,000$

　※ 3 　$10,000 + 800 = 10,800$

　※ 4 　$50,000 + 4,000 = 54,000$

第7章　税効果会計

問題7－1　棚卸資産の評価損

〔解答〕（単位：千円）

(1)　X1年度末

（繰 延 税 金 資 産）　　120　　（法 人 税 等 調 整 額）　　120

※　(2,500 − 2,200) × 40% = 120

(2)　X2年度末

①　X1年度末に生じた一時差異の解消

（法 人 税 等 調 整 額）　　120　　（繰 延 税 金 資 産）　　120

②　X2年度末に生じた一時差異

（繰 延 税 金 資 産）　　160　　（法 人 税 等 調 整 額）　　160

※　(3,000 − 2,600) × 40% = 160

問題7－2　圧縮積立金

〔解答〕（単位：千円）

①　X2年3月31日の仕訳

（法 人 税 等 調 整 額）　　4,000　　（繰 延 税 金 負 債）　　4,000

（繰 越 利 益 剰 余 金）　　6,000　　（圧 縮 積 立 金）　　6,000

②　X6年3月31日の仕訳

（繰 延 税 金 負 債）　　4,000　　（法 人 税 等 調 整 額）　　4,000

（圧 縮 積 立 金）　　6,000　　（繰 越 利 益 剰 余 金）　　6,000

〔解説〕（単位：千円）

1．国庫補助金の受領、圧縮積立金の積立て・取崩し

X1/4/1　（現 金 預 金）　　10,000　　（国庫補助金受贈益）　　10,000

X2/3/31　（繰 越 利 益 剰 余 金）　　6,000　　（圧 縮 積 立 金）　　6,000

※　10,000 × (1 − 40%) = 6,000

X6/3/31　売却時（圧縮積立金の取崩し）

（圧 縮 積 立 金）　　6,000　　（繰 越 利 益 剰 余 金）　　6,000

2．税効果会計の適用

　　X2/ 3 /31　圧縮記帳時

　　（法 人 税 等 調 整 額）　　　4,000　　　（繰 延 税 金 負 債）　　　4,000

　　※　10,000×40％＝4,000

　　X6/ 3 /31　売却時

　　（繰 延 税 金 負 債）　　　4,000　　　（法 人 税 等 調 整 額）　　　4,000

第 8 章　本支店会計

　本支店間取引(1)

〔**解答**〕（単位：円）

(1)	本店	（支	店）	200,000	（現	金）	200,000
	支店	（現	金）	200,000	（本	店）	200,000
(2)	本店	（支	店）	500,000	（仕	入）	500,000
	支店	（仕	入）	500,000	（本	店）	500,000
(3)	本店	（支	店）	100,000	（売　掛	金）	100,000
	支店	（現	金）	100,000	（本	店）	100,000
(4)	本店	（買　掛	金）	500,000	（支	店）	500,000
	支店	（本	店）	500,000	（現	金）	500,000
(5)	本店	（支	店）	10,000	（現	金）	10,000
	支店	（旅	費）	10,000	（本	店）	10,000

　本支店間取引(2)

〔**解答**〕（単位：円）

(1)	本店	（支	店）	440,000	（支　店　売　上）		440,000
	支店	（本　店　仕　入）		440,000	（本	店）	440,000
(2)	本店	（支	店）	20,000	（受　取　賃　貸　料）		20,000
	支店	（現	金）	20,000	（本	店）	20,000

〔**解説**〕（単位：円）

(1)　支店への送付高：400,000×（ 1 ＋0.1 ）＝440,000

(2)　会社全体の仕訳

　　（現　　金）　20,000　（受　取　賃　貸　料）　20,000
　　　　支　店　　　　　　　　　　　　本　店

　問題 8 - 3 ┃　未達取引

〔**解答**〕（単位：円）

① 未達取引事項に係る整理仕訳

(1)	（本　店　仕　入）	110,000	（本　　　　　店）	110,000
(2)	（現　　　　　金）	60,000	（支　　　　　店）	60,000
(3)	（営　　業　　費）	12,000	（本　　　　　店）	12,000
(4)	（本　　　　　店）	120,000	（売　　掛　　金）	120,000
(5)	（買　　掛　　金）	40,000	（支　　　　　店）	40,000

② 支店勘定及び本店勘定の未達取引整理後残高

　　　支店勘定の整理後残高（　　212,000）

　　　本店勘定の整理後残高（　　212,000）

〔**解説**〕（単位：円）

《本店》	支　　店			《支店》	本　　店	
（前 T／B）　312,000				(4)　　　　120,000	（前 T／B）　210,000	
	(2)	60,000			(1)	110,000
	(5)	40,000			(3)	12,000
	（整理後）	212,000		（整理後）　212,000		

　未達取引事項を考慮すれば、支店勘定と本店勘定の残高は、貸借逆で必ず一致する点を理解すること。

　問題 8 - 4 ┃　内部利益の控除

〔**解答**〕

内部利益の金額：　　　　　　　　　　　　（単位：円）

（ケース 1 ）	0
（ケース 2 ）	2,800
（ケース 3 ）	4,100

〔**解説**〕（単位：円）

（ケース1）

　支店の期末商品棚卸高に本店から仕入れた商品がないので内部利益の金額はゼロとなる。

（ケース2）

　$30,800 \times \dfrac{0.1}{1.1} = 2,800$

（ケース3）

　未達商品も含めて内部利益の金額を計算する点に注意されたい。

　$(31,900 + \underset{未達分}{13,200}) \times \dfrac{0.1}{1.1} = 4,100$

第9章　連結会計

問題9－1　100％子会社の連結

〔解答〕

連 結 貸 借 対 照 表

P社　　　　　　　　　X1年12月31日　　　　　（単位：千円）

諸　資　産	（　460,000)	諸　負　債	（　110,000)
		資　本　金	（　200,000)
		利 益 剰 余 金	（　150,000)
	（　460,000)		（　460,000)

〔解説〕（単位：千円）

1．連結修正仕訳（投資と資本の相殺消去）

（資　本　金）　30,000　（子 会 社 株 式）　50,000
（利 益 剰 余 金）　20,000

2．主な項目の解答

個別貸借対照表の単純合算　→　連結修正仕訳　→　連結貸借対照表の作成

個別貸借対照表（単純合算）

諸　資　産	350,000	諸　負　債	50,000	P社
		資　本　金	200,000	
子 会 社 株 式	50,000	利 益 剰 余 金	150,000	
諸　資　産	110,000	諸　負　債	60,000	S社
		資　本　金	30,000	
		利 益 剰 余 金	20,000	

相殺消去

連結貸借対照表

諸　資　産	460,000	諸　負　債	110,000
		資　本　金	200,000
		利 益 剰 余 金	150,000

問題9-2　のれんの計上

〔解答〕

連 結 貸 借 対 照 表

P社　　　　　　　　　　　　　X1年12月31日　　　　　　　　　（単位：千円）

諸　　資　　産	（	455,000）	諸　　負　　債	（	110,000）
の　　れ　　ん	（	5,000）	資　　本　　金	（	200,000）
			利　益　剰　余　金	（	150,000）
	（	460,000）		（	460,000）

〔解説〕（単位：千円）

連結修正仕訳（投資と資本の相殺消去）

（資　　　本　　　金）	30,000	（子　会　社　株　式）	55,000
（利　益　剰　余　金）	20,000		
（の　　れ　　ん）	5,000		

問題9-3　非支配株主持分

〔解答〕

連 結 貸 借 対 照 表

P社　　　　　　　　　　　　　X1年12月31日　　　　　　　　　（単位：千円）

諸　　資　　産	（	468,000）	諸　　負　　債	（	110,000）
の　　れ　　ん	（	2,000）	資　　本　　金	（	200,000）
			利　益　剰　余　金	（	150,000）
			非 支 配 株 主 持 分	（	10,000）
	（	470,000）		（	470,000）

〔解説〕（単位：千円）

連結修正仕訳（投資と資本の相殺消去）

（資　　　本　　　金）	30,000	（子　会　社　株　式）	42,000
（利　益　剰　余　金）	20,000	（非 支 配 株 主 持 分）	10,000※1
（の　　れ　　ん）	2,000※2		

※1　$(30,000+20,000)×(1-80\%)=10,000$

※2　貸借差額、又は$42,000-(30,000+20,000)×80\%=2,000$

| 問題9－4 | 資産・負債の時価評価 |

〔解答〕

連 結 貸 借 対 照 表

P社　　　　　　　　　　X1年12月31日　　　　　　　　（単位：千円）

諸　　資　　産	（　376,200）	諸　　負　　債	（　240,000）
土　　　　地	（　55,000）	資　　本　　金	（　150,000）
の　れ　ん	（　800）	利　益　剰　余　金	（　20,000）
		非　支　配　株　主　持　分	（　22,000）
	（　432,000）		（　432,000）

〔解説〕（単位：千円）

1．のれんの金額算定

X1年12月31日

資　本　金	80,000
利益剰余金	10,000
土　　地	20,000
合　　計	110,000
持　株　比　率	80%
の　れ　ん	800※

※　88,800 － 110,000 × 80% ＝ 800

2．修正仕訳

① 子会社の資産の評価替え

（土　　　地）　20,000　（評　価　差　額）　20,000

※　35,000 － 15,000 ＝ 20,000

② 投資と資本の相殺消去及び非支配株主持分への振替え

（資　本　金）　80,000　（S　社　株　式）　88,800
（利　益　剰　余　金）　10,000　（非　支　配　株　主　持　分）　22,000※
（評　価　差　額）　20,000
（の　れ　ん）　800

※　110,000 × （1 － 80%） ＝ 22,000

第10章　企業結合会計

問題10－1　事業譲受

〔解答〕（単位：円）

(1)　（諸　　　資　　　産）　5,500,000　　（諸　　　負　　　債）　2,000,000

　　　（の　　　れ　　　ん）　　100,000　　（当　座　預　金）　3,600,000

(2)　（の　れ　ん　償　却）　　　5,000　　（の　　　れ　　　ん）　　　5,000

〔解説〕（単位：円）

(1)　のれんの計算

$$3,600,000 - (\underset{\text{B社諸資産時価}}{5,500,000} - \underset{\text{B社諸負債時価}}{2,000,000}) = 100,000$$
$$\underset{\text{取得原価}}{}$$

（B社：被取得企業）

諸　資　産 5,500,000 （時価）	諸　負　債 2,000,000 （時価）	
	取得原価3,600,000	
の　れ　ん 100,000	買 収 価 額 3,600,000	

(2)　のれん償却の計算

$$100,000 \times \frac{1年}{20年} = 5,000$$

問題10－2　吸収合併

〔解答〕（単位：円）

　　　（諸　　　資　　　産）　12,800,000　　（諸　　　負　　　債）　4,000,000

　　　（の　　　れ　　　ん）　　 200,000　　（資　　　本　　　金）　7,500,000

　　　　　　　　　　　　　　　　　　　　　　（資　本　準　備　金）　1,500,000

〔**解説**〕（単位：円）

① 取得原価の計算

$$@60,000 \times 150株 = 9,000,000$$

② 資本金計上額の計算

$$@50,000 \times 150株 = 7,500,000$$

③ 資本準備金の計算

$$\underset{\text{取得原価}}{9,000,000} - \underset{\text{資本金}}{7,500,000} = 1,500,000$$

④ のれんの計算

$$\underset{\text{取得原価}}{9,000,000} - (\underset{\text{B社諸資産時価}}{12,800,000} - \underset{\text{B社諸負債時価}}{4,000,000}) = 200,000$$

（B社：被取得企業）

諸 資 産 12,800,000 （時価）	諸 負 債 4,000,000 （時価）

取得原価9,000,000

@60,000 ×150株 =9,000,000

資 本 金 7,500,000

の れ ん 200,000

資本準備金 1,500,000

第11章　キャッシュ・フロー会計

問題11－1　投資活動・財務活動によるキャッシュ・フロー(1)

〔解答〕

（単位：千円）

営業活動によるキャッシュ・フロー	
営業収入	1,500,000
原材料及び商品の仕入れによる支出	△1,100,000
人件費の支出	△280,000
その他の営業支出	△100,000
営業活動によるキャッシュ・フロー	20,000
投資活動によるキャッシュ・フロー	
有形固定資産の取得による支出	（　△150,000）
有形固定資産の売却による収入	（　28,750）
投資活動によるキャッシュ・フロー	（　△121,250）
財務活動によるキャッシュ・フロー	
株式の発行による収入	（　200,000）
財務活動によるキャッシュ・フロー	（　200,000）
現金及び現金同等物の増減額	（　98,750）
現金及び現金同等物の期首残高	（　122,500）
現金及び現金同等物の期末残高	（　221,250）

〔解説〕（単位：千円）

1．備品の取得

（1）備品勘定の分析

備品

期首		売却	50,000
	300,000	期末	
取得	150,000		400,000

（2）取得時の仕訳

（備　　　品）　150,000　（現　金　預　金）　150,000
有形固定資産の取得による支出

2．備品の売却

（減 価 償 却 累 計 額）　12,500※1　（備　　　　　　　品）　50,000

（減 価 償 却 費）　3,125※2

（現 　 金 　 預 　 金）　28,750※3
有形固定資産の売却による収入

（備 　 品 　 売 　 却 　 損）　5,625

※1　$50,000 \div 8 年 \times 2 年 = 12,500$

※2①　期首所有、期末まで所有分の減価償却費

　　　$(300,000 - 50,000) \div 8 年 = 31,250$

　②　期中取得分

　　　$150,000 \div 8 年 \times 10 カ月 / 12 カ月 = 15,625$

　③　期中売却分

　　　$50,000 - 31,250 - 15,625 = 3,125$

※3　貸借差額

3．増資

（現 　 金 　 預 　 金）　200,000※3　（資　　　本　　　金）　100,000※1
株式の発行による収入

　　　　　　　　　　　　　　　　　　（資 　 本 　 準 　 備 　 金）　100,000※2

※1　$600,000 - 500,000 = 100,000$

※2　$150,000 - 50,000 = 100,000$

※3　貸方合計

問題11－2　投資活動・財務活動によるキャッシュ・フロー(2)

〔解答〕

（単位：千円）

営業活動によるキャッシュ・フロー	
営業収入	2,200,000
原材料及び商品の仕入れによる支出	△1,600,000
人件費の支出	△350,000
その他の営業支出	△180,000
営業活動によるキャッシュ・フロー	70,000
投資活動によるキャッシュ・フロー	
無形固定資産の取得による支出	(△30,000)
投資活動によるキャッシュ・フロー	(△30,000)
財務活動によるキャッシュ・フロー	
自己株式の処分による収入	(24,000)
自己株式の取得による支出	(△45,000)
配当金の支払額	(△30,000)
財務活動によるキャッシュ・フロー	(△51,000)
現金及び現金同等物の増減額	(△11,000)
現金及び現金同等物の期首残高	(325,000)
現金及び現金同等物の期末残高	(314,000)

〔解説〕（単位：千円）

1．ソフトウェアの取得

(1)　勘定分析

ソフトウェア

取得		償却	3,000
		期末	
	30,000		27,000

(2)　取得時の仕訳

（ソフトウェア）　30,000　（現金預金）　30,000
無形固定資産の取得による支出

2．自己株式の取得

(1)　勘定分析

自己株式

期首		処分	20,000
	40,000	期末	
取得	45,000		65,000

(2)　取得時の仕訳

（自　己　株　式）　45,000　　（現　金　預　金）　45,000
　　　　　　　　　　　　　　　　自己株式の取得による支出

3．自己株式の処分

（現　金　預　金）　24,000※2　（自　己　株　式）　20,000
　自己株式の処分による収入
　　　　　　　　　　　　　　　　（その他資本剰余金）　4,000※1

　　※1　24,000－20,000＝4,000

　　※2　貸方合計

4．剰余金の配当

(1)　勘定分析

繰越利益剰余金

配当	33,000	期首	
期末			338,000
	372,000	当期純利益	67,000

(2)　配当の仕訳

（繰越利益剰余金）　33,000　　（利　益　準　備　金）　3,000※1
　　　　　　　　　　　　　　　　（現　金　預　金）　30,000※2
　　　　　　　　　　　　　　　　　配当金の支払額

　　※1　43,000－40,000＝3,000

　　※2　貸借差額

問題11－3　直接法⑴

〔解答〕

（単位：千円）

営業活動によるキャッシュ・フロー	
営業収入	(1,400,000)
原材料及び商品の仕入れによる支出	(△916,000)
人件費の支出	(△255,300)
その他の営業支出	(△170,500)
小計	(58,200)

〔解説〕（単位：千円）

売上債権

期首	220,000	回収	
売上			1,400,000
	1,450,000	期末	270,000

棚卸資産

期首	140,000	売上原価	
仕入			980,000
	977,000	期末	137,000

給料

支払		期首未払	5,500
	255,300	損益	
期末未払	5,200		255,000

仕入債務

支払		期首	160,000
	916,000	仕入	
期末	221,000		977,000

営業費

期首前払	20,000	損益	
支払			174,000
	170,500	期末前払	16,500

問題11－4　直接法(2)

〔解答〕

（単位：千円）

営業活動によるキャッシュ・フロー	
営業収入	(4,869,400)
原材料及び商品の仕入れによる支出	(△3,155,000)
人件費の支出	(△545,000)
その他の営業支出	(△432,000)
小計	(737,400)

〔解説〕（単位：千円）

1．営業収入

貸倒引当金

貸倒れ	8,600	期首	
期末			12,600
	15,300	繰入	11,300

売上債権

期首	420,000	回収額	
売上高			4,869,400
	5,000,000	貸倒引当金	8,600
		貸倒損失	32,000
		期末	510,000

２．商品の仕入れによる支出

棚卸資産

期首	305,000	売上原価	
当期仕入			3,200,000
		棚卸減耗費	2,000
	3,195,000	期末	298,000

仕入債務

支払額		期首	270,000
	3,155,000	当期仕入	
期末	310,000		3,195,000

問題11－5　間接法

〔解答〕

（単位：千円）

営業活動によるキャッシュ・フロー		
税引前当期純利益	（	41,000）
売上債権の増減額	（	△50,000）※1
棚卸資産の増減額	（	3,000）※2
仕入債務の増減額	（	61,000）※3
前払費用の増減額	（	3,500）※4
未払費用の増減額	（	△300）※5
小計	（	58,200）

※1　270,000－220,000＝50,000（資産の増加 ⇒ マイナス調整）
※2　137,000－140,000＝－3,000（資産の減少 ⇒ プラス調整）
※3　221,000－160,000＝61,000（負債の増加 ⇒ プラス調整）
※4　16,500－20,000＝－3,500（資産の減少 ⇒ プラス調整）
※5　5,200－5,500＝－300（負債の減少 ⇒ マイナス調整）

第12章　集落営農組織等の任意組合の会計

問題12－1　任意組合の会計に関する基本問題

〔**解答**〕（単位：円）

1．出資金の払込み

(1)　A任意組合

（普　通　預　金）9,000,000　　（資　　本　　金）9,000,000

(2)　組合員の鈴木氏

（出　　資　　金）4,500,000　　（普　通　預　金）4,500,000

(3)　組合員の佐藤氏

（出　　資　　金）3,000,000　　（普　通　預　金）3,000,000

(4)　組合員の田中氏

（出　　資　　金）1,500,000　　（普　通　預　金）1,500,000

2．種もみの購入

(1)　A任意組合

（種　　苗　　費）900,000　　（買　　掛　　金）900,000

3．賃金の支払い

(1)　A任意組合

（賃　金　手　当）450,000　　（普　通　預　金）450,000

(2)　組合員の鈴木氏

（普　通　預　金）300,000　　（作業受託収入）300,000

(3)　組合員の佐藤氏

（普　通　預　金）150,000　　（作業受託収入）150,000

(4)　組合員の田中氏

仕　訳　な　し

4．農産物（米）の販売

(1)　A任意組合

（普　通　預　金）4,950,000　　（水稲売上高）4,950,000

５．当期純利益の認識

(1)　A任意組合

（稲　作　売　上　高）	4,950,000		（損　　　　　　益）	4,950,000
（損　　　　　　益）	1,350,000		（種　　苗　　費）	900,000
			（賃　金　手　当）	450,000
（損　　　　　　益）	3,600,000		（繰 越 利 益 剰 余 金）	3,600,000

６．損益分配

(1)　A任意組合

（繰 越 利 益 剰 余 金）	3,600,000		（未　払　分　配　金）	3,600,000

(2)　組合員の鈴木氏

（未　収　入　金）	1,800,000		（雑　　収　　入）	1,800,000

(3)　組合員の佐藤氏

（未　収　入　金）	1,200,000		（雑　　収　　入）	1,200,000

(4)　組合員の田中氏

（未　収　入　金）	600,000		（雑　　収　　入）	600,000

７．分配金の処理

(1)　A任意組合

（未　払　分　配　金）	3,600,000		（資　　本　　金）	900,000
			（普　通　預　金）	2,700,000

(2)　組合員の鈴木氏

（出　　資　　金）	450,000		（未　収　入　金）	1,800,000
（普　通　預　金）	1,350,000			

(3)　組合員の佐藤氏

（出　　資　　金）	300,000		（未　収　入　金）	1,200,000
（普　通　預　金）	900,000			

(4)　組合員の田中氏

（出　　資　　金）	150,000		（未　収　入　金）	600,000
（普　通　預　金）	450,000			

　　問題12－2　　任意組合の会計に関する総合問題

〔**解答**〕（単位：円）

(1)　仕訳

　〈第1年度〉

　　1．出資金の払込み

　　　（普　通　預　金）20,000,000　　　（資　　本　　金）20,000,000

　　2．JAからの借入れ

　　　（普　通　預　金）30,000,000　　　（借　　入　　金）30,000,000

　　3．機械装置の購入

　　　（機　械　装　置）27,000,000　　　（普　通　預　金）27,000,000

　　4．種代及び肥料代の支払い

　　　（種　　苗　　費）　675,000　　　（普　通　預　金）2,025,000

　　　（肥　　料　　費）1,350,000

　　5．期末仕掛品棚卸高

　　　（仕　　掛　　品）2,025,000　　　（期末仕掛品棚卸高）2,025,000

　〈第2年度〉

　　6．農産物の販売

　　　（普　通　預　金）54,000,000　　　（水　稲　売　上　高）48,600,000

　　　　　　　　　　　　　　　　　　　（小　麦　売　上　高）5,400,000

　　7．肥料代、農薬費及び諸材料費の支払い

　　　（肥　　料　　費）1,350,000　　　（普　通　預　金）19,575,000

　　　（農　　薬　　費）2,025,000

　　　（諸　材　料　費）16,200,000

　　8．JAからの借入金の一部返済

　　　（借　　入　　金）4,500,000　　　（普　通　預　金）4,500,000

　　9．賃金支払い

　　　（賃　金　手　当）18,900,000　　　（普　通　預　金）18,900,000

　　10．期末仕掛品棚卸高

　　　（期首仕掛品棚卸高）2,025,000　　　（仕　　掛　　品）2,025,000

　　　（仕　　掛　　品）2,160,000　　　（期末仕掛品棚卸高）2,160,000

　　11．機械装置の減価償却費

　　　（減　価　償　却　費）5,400,000　　　（機　械　装　置）5,400,000

⑵　第1年度の財務諸表（貸借対照表と損益計算書）

（単位：円）

〈第1年度末〉　　　　　貸　借　対　照　表

資　　　　　産	金　　額	負　債・純　資　産	金　　額
普　通　預　金	20,975,000	短　期　借　入　金	30,000,000
仕　　掛　　品	2,025,000	資　　本　　金	20,000,000
機　械　装　置	27,000,000		
計	50,000,000	計	50,000,000

〈第1年度〉　　　　　損　益　計　算　書

費　　　　　用	金　　額	収　　　　　益	金　　額
種　　苗　　費	675,000	期末仕掛品棚卸高	2,025,000
肥　　料　　費	1,350,000		
計	2,025,000	計	2,025,000

⑶　第2年度の財務諸表（貸借対照表と損益計算書）

（単位：円）

〈第2年度末〉　　　　　貸　借　対　照　表

資　　　　　産	金　　額	負　債・純　資　産	金　　額
普　通　預　金	32,000,000	短　期　借　入　金	25,500,000
仕　　掛　　品	2,160,000	資　　本　　金	20,000,000
機　械　装　置	21,600,000	繰　越　利　益　剰　余　金	10,260,000
計	55,760,000	計	55,760,000

〈第2年度〉　　　　　損　益　計　算　書

費　　　　　用	金　　額	収　　　　　益	金　　額
肥　　料　　費	1,350,000	水　稲　売　上　高	48,600,000
農　　薬　　費	2,025,000	小　麦　売　上　高	5,400,000
諸　材　料　費	16,200,000	期末仕掛品棚卸高	2,160,000
賃　金　手　当	18,900,000		
減　価　償　却　費	5,400,000		
期首仕掛品棚卸高	2,025,000		
当　期　純　利　益	10,260,000		
計	56,160,000	計	56,160,000

おわりに

　この本を出版するにあたり、関係者の皆様の御支援、御協力に感謝申し上げます。

　本書は、学校法人大原簿記学校講師の野島一彦氏、石垣保氏と、当協会会長で税理士の森剛一、当協会会員で税理士の西山由美子とが、商業簿記・工業簿記を基礎に構築されている現行の会計理論を農業の現場で具体的かつ実用的に適用することを目標に、時間をかけて議論を重ねて執筆されたものです。また、神奈川大学経済学部の戸田龍介教授には、学術的な観点からのご指摘・ご指導を仰ぎ、多大なる御協力をいただきました。

　本書の出版が、学校法人大原簿記学校及び大原出版株式会社の多大なる御支援、御協力によって実現できましたことを厚く御礼申し上げます。この「農業簿記教科書1級」を多くの農業関係者に学習していただくことで、農企業の高度な計数管理を実現し、今後の日本の農業の発展に寄与することを願ってやみません。

一般社団法人　全国農業経営コンサルタント協会